智能科学与技术丛书

基于视觉信息的人体跟踪与行为分析研究

姜新波 王国锋 孙述和 原 达 李晋江 编著

科学出版社

北 京

内 容 简 介

基于视觉信息的人体跟踪与行为分析技术是人机交互领域的研究，是目前国内外广泛关注的研究热点。该技术涉及计算机视觉、人工智能、图像处理、图像理解、机器学习、统计学等诸多领域，研究内容十分广泛。

本书适合从事人体跟踪和人体行为分析的科研人员阅读，也可作为高等学校相关专业研究生的教学用书。

图书在版编目(CIP)数据

基于视觉信息的人体跟踪与行为分析研究/姜新波等编著. —北京：科学出版社，2018.6

ISBN 978-7-03-057503-6

Ⅰ. ①基… Ⅱ. ①姜… Ⅲ. ①计算机视觉-应用-人体-行为分析-研究 Ⅳ. ①B848.4-39

中国版本图书馆 CIP 数据核字（2018）第 110161 号

责任编辑：赵丽欣 常晓敏 / 责任校对：王 颖
责任印制：吕春珉 / 封面设计：东方人华设计部

科学出版社 出版
北京东黄城根北街 16 号
邮政编码：100717
http://www.sciencep.com
三河市骏杰印刷有限公司印刷
科学出版社发行 各地新华书店经销
*
2018 年 6 月第 一 版 开本：787×1092 1/16
2018 年 6 月第一次印刷 印张：8 3/4
字数：194 000

定价：68.00 元

（如有印装质量问题，我社负责调换〈骏杰〉）
销售部电话 010-62136230 编辑部电话 010-62134021

前　言

随着计算机技术的高速发展，计算机视觉领域的研究呈现出多样性的特点。一方面，基本的底层视觉问题，比如目标跟踪与检测，仍然是研究的热点；另一方面，建立在底层视觉问题之上的更高层问题的研究获得了越来越多的关注，比如视频内容解析、人体行为分析等。相比于单纯的底层视觉问题来说，高层问题则需要更多的语义分析。尽管如此，这些高层问题往往也依赖于一些底层的视觉技术。

本书前半部分（第 1～5 章）对基于视频跟踪的基本视觉问题进行了深入的研究，并以此为基础研究了视频装配解析问题。首先研究了基于视频的二维目标跟踪问题，该问题是所有跟踪问题的基础，同时也是跟踪领域的主要研究方向。二维目标跟踪主要研究如何在连续的视频帧画面中得到目标物体在视频画面中的位置信息，其在视频监控、人机交互等领域具有广泛的应用。其次研究了基于视频的三维目标跟踪问题。相比于二维目标跟踪，三维目标跟踪需要连续估计出目标物体相对于相机的空间姿态变换关系，而不仅仅是图像中的二维位置。该技术在增强现实、机器人等领域具有重要的应用。最后研究了基于视频的自动装配解析技术。自动装配解析技术是指系统可以自动分析出用户的装配过程，并实时在线地指导用户装配物体。该技术不仅需要在底层识别跟踪视频场景中出现的物体，还需要在高层上理解物体与物体之间的装配关系，因而是更高层的视觉问题。

本书后半部分（第 6～8 章）在跟踪和定位的基础上，对人体行为分析进行了深入探讨；对特征描述、高层模型的建立，以及模型与特征序列之间相似性度量等关键技术进行了研究；通过建立高层模型来描述特征序列，解决了特征序列匹配时存在的时间动态性问题。

本书的研究工作得到国家自然科学基金“探地雷达数据多维可视分析研究（61373079）”和“基于多模态融合的互联网图像中人物行为标注研究（61772139）”、山东省软件工程重点实验室基金“实时的复杂人体行为序列识别研究”、山东省高校科研计划“基于单序列多类别的人体行为识别研究”等项目的资助。

本书由姜新波、王国锋、孙述和、原达和李晋江编写。本书参考了该领域的经典成果和其他学者的最新文献，同时也融入了作者近年来在该领域的研究成果。

由于撰写时间和作者水平有限，书中难免存在不足之处，敬请读者批评指正。

目　录

第1章 绪　　论

计算机视觉是一门专门研究计算机“看”的学科，是通过图像或者视频数据来获得计算机对世界外观的理解和分析，是人类视觉和感知的延伸。计算机视觉最初开始于20世纪70年代[1]，至今已经走过了近40年的历史。尽管如此，计算机视觉仍然是一门非常年轻的学科，其在智能制造、智能监控、机器人、增强现实、人机交互等领域都有着广泛的应用。

1.1 研究背景

从视频帧画面中，如何获得运动物体的二维和三维信息是计算机视觉的一个基本问题，一直以来都是视觉研究的热点和难点。影像中物体的二维运动信息描述了在视频帧画面中物体外观的运动情况，一般通过目标跟踪[2,3]的理论和方法进行计算。目标跟踪是指从连续的视频帧画面中计算获得被跟踪物体的位置、形状和区域信息，常见的有单目标跟踪[4,5]和多目标跟踪[6,7]。如何从视频帧画面中获得物体在三维空间中的运动信息更为重要，因为现实生活环境是三维的，可以借此建立现实世界的影像与数字空间几何间的映射关系，从而使得计算机理解物体在三维空间中的运动情况。这项技术在增强现实、机器人等领域非常重要。如果已知跟踪物体的三维位置和姿态，就可以准确地把虚拟物体叠加到运动的真实物体之上，产生逼真的虚实融合的效果。如果机器人感知到周围物体在三维空间中的位置和姿态信息，就可以规划其动作实现精准的实物操作。视频中运动物体的三维姿态估计问题又称为物体的三维跟踪问题，主要用来估计视频场景中被跟踪物体相对于相机的姿态变换，包括平移和旋转变换参数。

随着计算机性能的提高和计算机视觉技术的高速发展，高层视觉问题逐渐成为研究的热点，比如视频内容解析、人体行为分析等。高层视觉技术的兴起，源于计算机视觉的基本底层问题得到初步解决。其依赖的底层视觉技术，比如目标跟踪与检测等，虽然尚存在鲁棒性、准确性和速度等问题，但是已经可以做一些要求不高的简单应用。相比于传统的基本底层视觉问题，高层视觉问题涉及更多的语义信息，因此更加复杂，同时也更加具有挑战性。

本书前一部分（第1～5章）对基于视频跟踪的基本视觉问题进行了深入的研究，并以此为基础研究了视频装配解析问题。首先研究了基于视频的二维目标跟踪问题，该问题是所有跟踪问题中最为基础的问题，同时也是跟踪领域的主要研究方向。二维目标跟踪主要研究如何在连续的视频帧画面中得到目标物体在视频画面中的位置信息，其在视频监控、人机交互等领域具有广泛的应用。其次研究了基于视频的三维目标跟踪问题。相比于二维目标跟踪，三维目标跟踪需要连续地估计出目标物体相对于相机的空间姿态变换关系，而不仅仅是图像中的二维位置。该技术在增强现实、机器人、视觉伺服等领域具有重要的应用。最后研究了基于视频的自动装配解析技术。自动装配解析技术是指系统可以自动地分析出用户的装配过程，并在线实时地指导用户装配物体。其不仅需要在底层识别跟踪视频场景中出现的物体，同时还需要在高层上理解物体与物体之间的装配关系，从而是更高层的视觉问题。

本书后一部分（第 6～8 章）是在跟踪定位的基础上，对人体行为进行分析研究。计算机需要理解人类的意图才能有效地为人类服务。在计算机技术的发展历史上，人机交互技术自始至终都是计算机领域的核心研究内容。传统的人机交互主要研究人与计算机之间交流与通信的方式，在最大程度上帮助人们完成信息管理、服务和处理等功能，使计算机真正成为人们工作和学习的助手。传统基于鼠标和键盘的交互方式对于文本输入、图标的操作非常精准，能够高效地完成日常任务，给人们的生活带来了巨大的便利。随着计算机技术的发展，人与计算机间的交流越来越复杂，并且常常需要计算机迅速理解人类意图的高层语义。这些语义难以用自然语言准确有效地描述，因此，人们开始关注自然的人机交互技术，即机器理解人类的自然表达方式，基于人类目的给予相应回复，使机器成为高级的智能工具。

人与人之间可以通过语言、行为和表情进行自然、流畅的交流。随着计算机技术的进步，人类希望人机交互能够像人与人之间的交流一样自然、流畅。尽管人们通过文字或者语音通信可以进行交流，但人们通常更乐于面对面地进行沟通，原因在于更多的表情与肢体语言使得沟通更加丰富和直接。人的意图和情感通常都是通过行为以及一些形体的微小变化而表现出来的，肢体语言，如表情、个性化手势、身体移动方式等，是人与人沟通的重要信息，这些都是人与人交互的重要组成部分。感知人的行为与意图，是自然人机交互必然要追求的目标。自然人机交互的关键在于让计算设备也能感知人们通过行为、肢体语言等方式表达出来的意图、情感等高层个体化信息，其长远目标是能理解人们在日常生活中的任何活动与行为，从而使得人的任一动作与行为都成为交互的一部分，达到无时无刻、无处不在的实时感知。自然人机交互的基础是计算机能够从传感器捕捉的信号中识别人类的语言、行为和表情，根据识别结果给出相应的反馈。而在自然的人与人的交互中，这三者是缺一不可的。由于行为本身具有多样性和多义性，具有在时间空间上的差异性，加上人们不同的行为习惯，人体行为识别存在很大的困难。但是，人体行为识别是自然人机交互必不可少的一部分，因此人体行为识别研究具有非常重要的意义。

人体行为识别研究主要分为三个阶段：基于全局特征的人体行为识别、基于局部特征的人体行为识别和基于骨架序列的人体行为识别。由于采集设备的限制，早期人体行为识别[8]主要是基于低分辨率的视频序列进行的，提取的特征大部分属于全局特征；随着采集设备分辨率的提升，中期人体行为识别研究主要是基于高分辨率视频序列进行的，因此能提取更精细的局部特征；随着价格低廉的深度采集设备的出现，人体行为识别研究开始基于骨架深度序列进行。

1973 年，心理学家 Johansson 的人体运动感知实验开启了对人体行为识别的最早研究。但是直到 20 世纪 90 年代，该领域才引起广泛的关注。早期行为识别的研究中，由于采集设备的限制（NTSC 相机，每秒采集 30 帧 200×200 分辨率的灰度图像），采集到的数据分辨率过低，精细的局部特征很难提取且不够鲁棒。早期的人体行为识别主要是基于全局特征进行的，例如网格特征[9]、身体轮廓特征[10]、基于人体部位的特征[11]等。1992 年，Yamato 等[9]使用自底向上方法，利用网格特征作为行为的底层描述特征，首次使用隐马尔科夫模型表示行为序列中存在的时间信息，该方法的出现标志着行为识别开始得到研究人员的关注。在 Akita 等[10]的工作中，他们基于分层模型，使用边缘和一些简单的身体方面的先验知识（例如手从整个躯干中突出）去判定人体各个部位，根据人体各个部位的运动情况识别行为。Bobick 等[12]提取了全局的运动能量图和运动历史图用于行为识别。这类算法最主要的限制是需要对视频序列中的人物进行准确的分割，且对遮挡问题比较敏感。

进入 21 世纪，随着采集设备的不断更新换代，获取的图像分辨率也越来越高，基于局部特征点的行为识别算法获得更多青睐。Ivan 等[13]把 Harris 角点检测方法从二维空间扩展到三维空间，能够从视频序列中检测 Harris3D 兴趣点。由于 Harris3D 兴趣点过于稀少，Gilbert 等[14]从图像中，基于不同尺度提取简单但是密集的二维 Harris 角点，从中构建特征。Bregonzio 等[15]提出时空兴趣点云的方法去克服兴趣点稀少的限制。光流法通常用于特征点的检测和描述[16,17,18]。Sclaroff 等[16]使用光流法和前景流法去提取人、物体和场景的运动特征。所有这些特征作为多实例学习（multiple instance learning，MIL）框架的输入，在给定视频上提取兴趣点。Holte 等[17]从八个加权的二维光流场中构建三维光流，从而实现视点不变的行为识别。另一个基于光流的工作是 Oikonomopoulos 提出的 B-样条多项式描述符[19]。在给定的视频序列中估计光流场，基于三维逐段多项式的几何特性，以提取时空兴趣点的方式提取 B-样条多项式描述符。B-样条多项式描述符对于平移和放缩变换保持不变。和基于稀疏兴趣点的行为识别算法相比，光流法检测到兴趣点的数目更多，识别信息更多，但是大量兴趣点的检测造成速度慢的问题。和基于全局特征的行为识别算法相比，基于局部特征的行为识别算法不需要进行预分割，同时对于遮挡问题更鲁棒。但是同时存在着兴趣点稀少、速度慢和关键部位缺乏兴趣点等问题。

基于视觉的人体行为识别技术存在着背景复杂、缺乏特征点、需要精确分割等问题，当视觉特征不足时，常常由于欠约束而导致算法失败。所以到目前为止，基于原始视频序列的人体行为识别仍然是非常困难的。2011 年，Shotton 等[20]提出一种有效的人体运动捕捉技术，它能够利用人体的深度图实时地计算出人体骨架连接点的三维位置信息。

这项技术不受复杂背景的影响，并且速度快，能够实时提取骨架连接点。和传统的兴趣点相比，骨架连接点具有更强的压缩性，且具有明确的物理意义。基于这项技术，使用人体骨架序列的行为识别研究也相继出现。Ellis 等[21]提出最新的时空帧特征，并且从时空帧特征构成的特征序列中提取一帧作为这类行为的判定帧，用来表示这一类行为。Zou 等[22]首先将特征序列分块，然后计算每块序列的判定力，选出判定力最强的特征序列块来表示行为。这些算法巧妙地利用了骨架数据的特性，构建简单但判定能力强的特征用来描述行为。

人体行为识别作为自然人机交互领域的核心技术，具有极高的理论研究价值，同时人体行为识别也具有极高的应用价值，在运动分析、安防监控、虚拟现实、智能机器人、教育、医疗、游戏娱乐等众多领域都有用到人体行为识别技术。

① 运动分析　在体育运动中，利用人体行为识别技术对运动视频中运动员的表现进行评价分析，找到每个运动员的不足，建立针对个人的训练系统[23]，为运动水平的提高提供有效的技术手段，也可以为每个运动员的综合表现打分，作为教练比赛用人的依据。而在医学治疗方面，通过对人体步态的分析，判断出病人腿部的受伤程度，进而做出科学的治疗方案[24]。清华大学开发了一套针对跳水运动员的辅助训练系统，它通过检测跳板的振动频率、振幅、加速度等信息，来分析跳水运动员的起跳动作，从而来改进动作细节[25]。

② 安防监控　在视频监控方面，通过对人体行为的分析和理解，识别一些突发事件，来自动预警一些紧急状况。目前视频监控在城市治安、家庭、医院监护等方面发挥了重要作用。美国 1991 年开始的 VSAM 项目主要研究战场和民用场景中的视频理解[26]。英国爱丁堡大学负责一项关于人体异常行为的研究，他们研究如何从视频中自动滤掉无人视频片段和正常人体行为的视频片段，而把剩下的异常人体行为视频片段进一步分析，从而极大地减少工作量，该研究项目用于智能视频监控中[27]；英国雷丁大学主持的 ISCAPS 和 REASON 两个项目，主要是对步行街、闹市和街区等场所大密度人群的个体和群体行为进行分析研究[28,29]；美国明尼苏达大学的 Airvl 实验室对于各类场景下的异常行为检测[30]取得了不错的研究成果；而美国佛罗里达大学计算机视觉研究小组[31]开发的可见光/红外双波段智能视频监控系统 Knight 用于奥兰多警局的主街道区域的巡逻。

③ 智能机器人　机器人是应该具有判断能力，而不仅仅是被动执行某种指令的机器。它能有效地理解人的行为，从而领悟人的意图并且进行相应的互动，这对服务型机器人的应用前景至关重要。目前众多机器人机构对人体行为识别进行了重点关注和深入研究，例如 DMU 机器人研究所对步态识别和动作识别[32,33]研究工作有了一定的进展。近年来，国内在智能机器人的研究上也取得了较大的进展。863 项目“智能敏捷家庭助理机器人综合平台”，研究家庭机器人对于人体行为识别和理解，从而主动提供相应服务[34,35]；科学技术部牵头的中德合作重点项目“智能家庭服务监控机器人”，对人体跌

倒等异常行为进行了深入研究[36]。

④ 虚拟现实 虚拟现实就是在一个用计算机模拟出来的虚拟世界中，通过模拟视觉、听觉和触觉等手段，让受试者有身临其境的感觉。微软 Xbox360 推出了一款名为“Avatar”的虚拟现实聊天工具，通过这款聊天工具，用户可以创建一个自己的虚拟形象，然后在虚拟会议室中与好友的虚拟形象一起聊天。该工具借助 Kinect 体感控制器，不仅可以生成与用户本人相似的虚拟形象，而且还可以识别用户的面部表情和行为动作，并体现到虚拟形象中，从而营造栩栩如生的氛围。

尽管人体行为识别技术在很多领域都发挥着重要的作用，但是在一些极端情况下，例如背景极其复杂、大量的身体被遮挡等，会导致人体行为识别出现较大的错误。但相信随着研究的深入、新数据采集设备的出现以及理论不断地完善，人体行为识别会为人类便捷的生活起到更重要的作用。

1.2 研究现状、存在的问题和挑战

1.2.1 基于视频的二维跟踪研究

目标跟踪是计算机视觉的经典问题，旨在从连续的视频帧画面中找出被跟踪物体的位置、形状和区域等信息。目前，国内外有许多顶级机构在研究目标跟踪问题，比如美国卡内基梅隆大学的机器人研究院、英国牛津大学的机器人实验室、法国国家计算机科学与控制研究所，以及美国的马里兰大学、美国加州大学美熹德分校、澳大利亚阿德莱德大学、韩国首尔大学等。国内研究机构主要有中国科学院自动化研究所、中国科学院计算机研究所，以及清华大学、北京大学、上海交通大学、大连理工大学、华中科技大学等也在这方面做出了突出的贡献。

到目前为止，研究者们已经提出了大量跟踪算法[2,3]，这些算法可以根据一定的准则进行归类。按照跟踪对象的表示方法，可以把目标跟踪[2]分为基于区域的跟踪、基于轮廓的跟踪、基于特征的跟踪、基于模型的跟踪等。按照跟踪对象的外观表示模型，又可以把目标跟踪分为生成式的跟踪[4,37]和判别式的跟踪[5,38,39]。根据跟踪算法的搜索策略，还可以把目标跟踪分为确定性的跟踪[38,40,41]，以及随机性的跟踪[4,42]。尽管如此，目前所有基于视频的跟踪问题都涉及两个基本问题：一是如何有效地表示被跟踪的目标，即通常所说的外观表示模型；二是如何有效地找到目标，即通常所说的目标搜索策略。当然，这两个基本问题并不是完全孤立分开的，有些时候外观表示模型里面就隐含着目标的搜索策略。尽管如此，本书仍然对这两类问题分别进行阐述。

1. 目标的外观表示模型

外观表示模型是指如何有效地表示被跟踪物体。常见的外观表示模型有基于概率

密度表示、基于协方差矩阵表示、基于模板表示、基于子空间表示[4,43-46]、基于稀疏表示[37,47-50]、基于判别学习[5,38,51-54]等。其中，基于概率密度表示[40]的方法主要通过对跟踪对象进行概率建模来表示目标，比如常用的直方图统计方式；而基于协方差矩阵表示的方法主要对跟踪对象通过协方差矩阵来进行表示，协方差矩阵可以对跟踪目标的多个特征进行组合，比如颜色、纹理、梯度等。基于模板表示[41,55,56]的方法直接通过跟踪目标的像素值进行跟踪。相比而言，以上三种方式比较简单，因此目前不再是研究的热点。基于子空间表示、基于稀疏表达以及基于判别学习的跟踪方法，由于其强大的表达能力，近些年成为目标跟踪的研究热点。下面对这三类跟踪方法进行详细的阐述。

① 基于子空间表示的目标跟踪　子空间学习[57-59]是模式识别和机器学习研究领域的一个重要方法，其主要思想是把高维空间里的特征向量映射到低维空间进行表示。常见的子空间学习方法有主成分分析（principal component analysis，PCA）[57]、线性判别分析（linear discriminant analysis，LDA）[58]、局部保持映射（local preserving projection，LPP）[59]等。其中，最常用、最基本的子空间方法为基于 PCA 的方法。基于子空间的跟踪算法最早是在 1996 年由 Black 等[43]引入的，通过预先构建子空间来表示被跟踪的目标，这些子空间通过预先离线收集的大量不同角度的目标模板训练得到，在跟踪过程中保持恒定。因此尽管其方法有一定的作用，但总体来说是不实用的。因为一方面很难收集到要跟踪对象的大量模板，二来跟踪过程中也不能处理那些尚未考虑到的情形。随后 Ross 等[4]提出了增量 PCA 的跟踪算法，该方法不需要预先收集大量的目标模板，只需在视频的第一帧定义需要跟踪的目标子图像，算法即可以在线地收集模板，并增量式的更新子空间，其核心思想为通过增量主成分分析（incremental PCA）算法在线学习跟踪目标的外观表示模型，从而有效地跟踪目标。图 1-1 给出了基于增量 PCA 的跟踪算法。图中右下角为在线学习得到的一组 PCA 基，每个目标都可以通过这组基来线性表示。

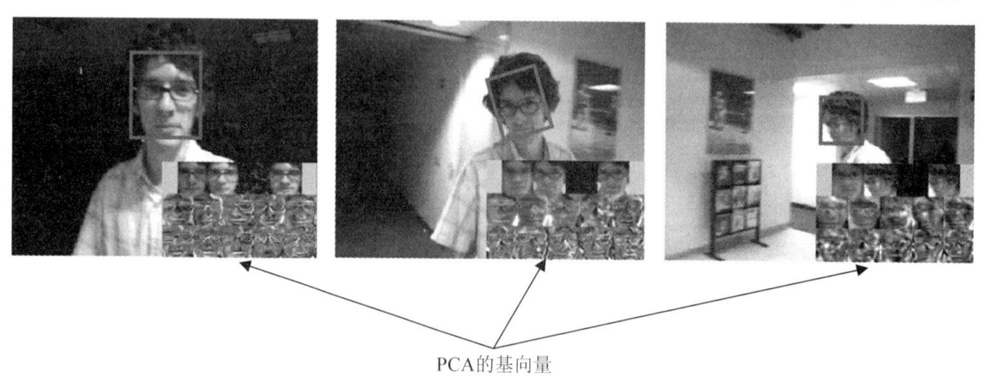

图 1-1　基于增量 PCA 表示的目标跟踪

尽管基于增量 PCA 的跟踪算法取得了一定的效果，但该方法把目标模板当成一个高维空间中的向量来表示，从而丧失了目标像素间的空间相关性。为了表示像素之间的空间关系，随后 Yang 等[60]提出了二维的 PCA 降维方法来表示目标，Li 等[61]提出了二维的 LDA 降维方法来表示目标，以及 Li 等[44]提出了一种基于在线张量子空间学习的方法和 Wu 等[45]提出基于在线协方差张量学习的方法等来表示目标。尽管这些算法考虑到了目标像素之间的相关性，但这些方法都是在线性空间里进行操作的。而本质上，目标模板构成的空间是一个高维流形空间，难以用线性空间刻画。因此，Li 等[46]提出一种基于在线黎曼子空间的学习算法来进一步提升性能。总体来说，这类新提出的基于子空间的跟踪算法不仅理论复杂，同时也增加了跟踪的计算量，因此在实际中并不是非常实用。

② *基于稀疏表示的目标跟踪* 稀疏表示是近年来机器学习和计算机视觉领域的一个热门研究方向。其最早源于 1996 年 Nature[62]上的一篇论文，该论文揭示了人类视觉系统的 V1 层与稀疏表示是类似的，并具有方向选择性。随后在 2006 年，Candes[63]及 Donoho[64]等完成压缩感知和稀疏表示的理论工作以后，稀疏表示理论开始在信号处理领域得到了迅猛发展。2008 年，Wright 等[65]在 PAMI 上提出的基于稀疏表示的人脸识别算法，真正开启了稀疏表示在计算机视觉领域的广泛应用，在包括图像去噪[66]、图像修复[67]、人脸识别[65]、超分辨率重建[68]等领域取得了优异的成果。随后的 2009 年，Mei 等[37]把人脸识别领域的稀疏表示引入到目标跟踪领域，从此稀疏表示在目标跟踪领域快速发展。该算法假设被跟踪目标可以由目标模板和琐碎模板构成的字典基来稀疏表示，其中目标模板主要表示跟踪中物体的正常形态，而琐碎模板主要用来描述跟踪中出现的一些遮挡、光照等因素的影响。从形式上看，该模型可以有效地处理目标在跟踪过程中的遮挡、光照变化等其他模型难以处理的情况，其基本框架如图 1-2 所示。图（b）中右上角方框代表好的候选目标框，左下角方框代表差的候选目标框。

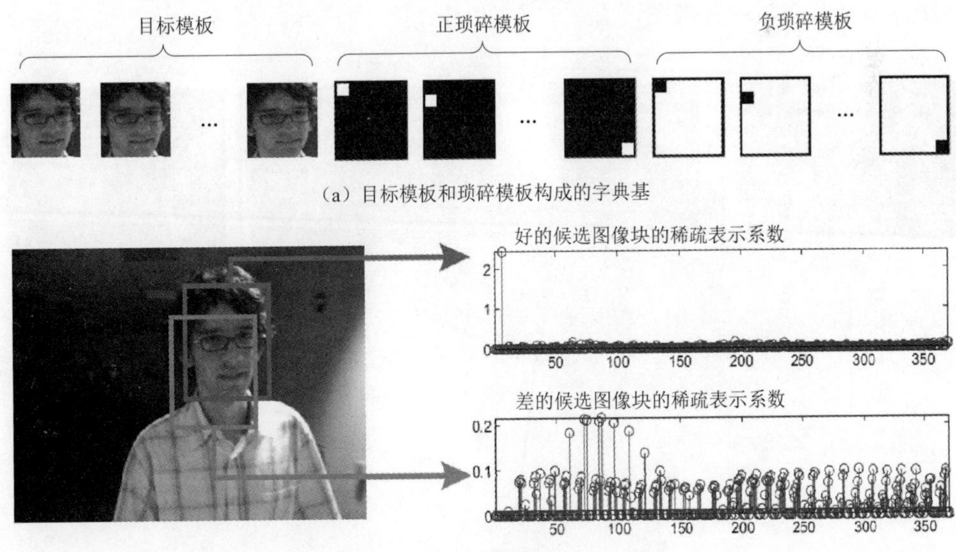

（a）目标模板和琐碎模板构成的字典基

（b）好的和差的候选图像块的稀疏表示系数

图 1-2 基于稀疏表示的目标跟踪

虽然该模型可以有效地表示目标，然而稀疏求解是非常耗时的，因此随后几年，有关如何对算法进行加速成为基于稀疏表达的目标跟踪的一个研究热点。比如 Liu 等[69]通过两步稀疏优化的过程来克服稀疏求解计算量大的问题，其本质上是通过对目标模板进行特征选择来降低模板维度，从而减少计算量。另外，Li 等[70]采用压缩感知的策略来对模型进行特征提取，同样降低了特征维度，减少了计算量，同时还采用正交匹配追踪（OMP）方法求解稀疏方程，进一步提高速度。其他研究内容还有 Mei 等[71]通过减少粒子采样数来降低计算量，以及 Bao 等[47]通过一种更快的 APG 算法来求解稀疏过程。然而，以上算法虽在一定程度上降低了速度，但仍然很难实时。本书第 3 章提出的基于稀疏和局部线性编码的跟踪算法完全从另一个角度分析跟踪问题，使得即使采用 Mei 等[37]在 ICCV2009 年提出的外观表示模型，本书的算法仍然可以实时准确地跟踪目标。

上述基于稀疏表示的跟踪均为采用 Mei 等[37]在 ICCV2009 提出的外观表示模型。除此之外，也出现了基于稀疏表达的其他外观表示模型，比如 Xu 等[49]提出的基于自适应结构局部稀疏外观表示模型，Zhong 等[48]提出的基于稀疏的协同外观表示模型，Wang 等[21]提出的基于最小软阈值平方的外观表示模型等。其他跟稀疏相关的还有 MTT 跟踪[50]等。

③ 基于判别学习的目标跟踪　判别学习是机器学习领域中最经典的模型之一，通过学习一个判别函数来对目标进行分类。不同于前面描述的生成式目标跟踪算法，把跟踪看成一个图像匹配的问题，基于判别学习的目标跟踪是将目标跟踪看成一个二分类的问题[5,38,51,52]，通过构建一个判别函数把目标从背景中区分开来，其基本框架如图 1-3 所示。其中左图的小方框和大方框分布代表正样本与负样本采样所在的区域，中间两图为当前跟踪帧及其产生的置信图，右图的方框为当前帧的目标。

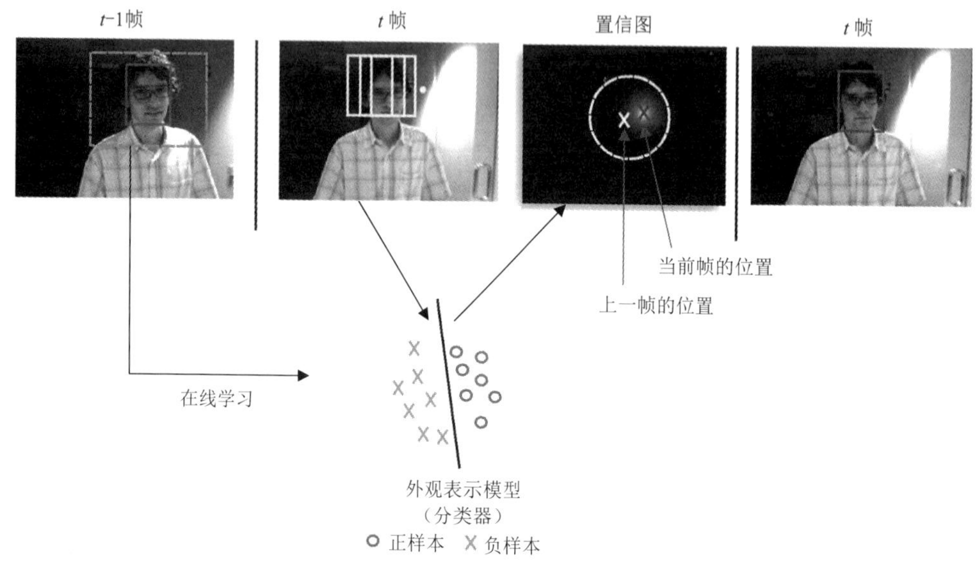

图 1-3　基于判别学习的目标跟踪

早期基于判别学习的跟踪算法主要依赖于对目标周围的像素进行分类，从而形成一个目标置信图，最后通过 Meanshift[40]等算法进行目标的精确定位。比如 Collins 等[52]通过学习最具有判别性的特征对目标的前景和背景像素进行分类来获得置信图。Aviden 等[51]通过集成学习的思路来对目标的前景和背景像素进行分类。Godec 等[72]结合在线随机森林分类器[73]和霍夫投票的思想来对目标的前景和背景像素进行分类。总体来说，这类算法在目标的前景和背景像素分布差异比较大时，跟踪性能比较好。不同于直接对像素进行分类，基于检测的目标跟踪算法通过对目标的前景框和背景框进行分类并获得目标位置，由于这类算法是对图像块进行操作，因此相比基于像素的跟踪，基于检测的跟踪算法可以选择更加丰富的特征来表示物体，比如常用的有类 Haar 小波[5,38]、HOG[74]、SIFT[75]、Gabor 小波[76,77]等特征。例如 Grabner 等[38]通过在线学习的 Adaboost 算法[78]选择最具判别性的类 Haar 小波特征来对前景和背景进行分类。随后，又提出了 Semi-Boost[79]的跟踪算法来对特征进行选择，进一步提高了算法的鲁棒性和适应性。紧接着，Baberko 等[5]将多实例学习引入视频跟踪问题，用于解决训练样本歧义性的问题，获得了比先前更好的跟踪结果。随后，Hare 等[53]采用 Struck SVM[80]的方法直接预测目标所在的位置，从而进一步改进跟踪算法，并取得了 CVPR 2013 Benchmark[81]榜上的第一名。另外，Kalal 等[54]提出了 TLD（tracking-learning-detection）策略来进行跟踪，通过引入正样本和负样本的“前向-后向”反馈机制来挖掘未标记样本的结构信息，从而实现长时间跟踪（long-term tracking）。其他类似的基于判别学习的跟踪还有基于压缩感知的跟踪[39]等。

除了以上提到的各种跟踪算法以外，近年来，基于相关滤波的跟踪[82,83]、基于深度学习的目标跟踪[84,85]也获得了越来越多的关注。这些跟踪算法目前正处于探索期，还有很多问题等待解决，比如如何利用深度学习解决跟踪问题的小样本问题等，在此，不再一一阐述。

2. 目标的搜索策略

除了目标的外观表示模型以外，另一个在跟踪过程中起着关键作用的是目标的搜索策略。目标的搜索策略主要用来确定目标在视频帧画面中的位置，主要涉及跟踪的效率问题。常用的有基于迭代搜索的策略[40,41,55]、基于滑动窗口的策略[38,39]和基于随机采样的策略[4,37,42]。其中迭代搜索策略和滑动窗口策略又可以称为确定性的搜索策略。

① 迭代搜索策略 最常用的迭代搜索策略为 Meanshift[40]搜索算法，Meanshift 最早是由 Fukunaga 等[86]于 1975 年在一篇关于密度函数的梯度估计中提出来的，其最初的含义为偏移的均值向量。随着 Meanshift 理论的发展，Meanshift 的含义也发生了变化。Cheng 等[87]对 Meanshift 算法进行了两方面的推广。首先，定义了一组核函数，随着样本与被偏移点的距离不同，其偏移量对均值偏移向量的贡献也不同。其次，Cheng 还设定了一个权重系数，使得不同的样本重要性不一样，这大大扩展了 Meanshift 算法的适用范围。随后，Comaniciu 等[40]把 Meanshift 算法引入了目标跟踪领域，使跟踪可以实时进行，该

算法通过对目标框进行 RGB 颜色直方图的建模，然后通过巴式（Bhattacharyya）系数作为候选框跟目标框之间的相似性度量，最后通过 Meanshift 算法迭代得到目标所在的位置信息。除了 Meanshift 以外，Lucas-Kanade[41,55]方法也是常用的迭代搜索算法，其最早是由 Lucas 等[55]在 1981 年提出的用于图像对齐的问题，随后成为计算机视觉领域最广泛使用的算法之一，应用于光流[88]、模板匹配[89]等方面。其在跟踪方面的应用，最著名的就是经典的 KLT[88]算法。

② *滑动窗口策略* 滑动窗口策略[5,38,39]是所有搜索策略中最普通的，也是最没有数学基础的。其主要思想来源于目标检测领域，通过逐像素对目标周围进行扫图操作，从而获得目标周围的密集候选目标框，再通过前面提到的外观表示模型来确定每个候选框属于目标的概率来最终确定要跟踪目标的位置。相比于迭代搜索以及后面介绍的随机采样策略，滑动窗口其实是一种暴力搜索的策略，虽然可以避免迭代搜索可能陷入局部极小值的问题，但相比而言，其计算量也是几类算法中最大的。

③ *随机采样策略* 与迭代搜索的策略[27,55]一样，随机采样（stochastic sampling）的策略[4,37,42]也是一种优雅的方法，其背后有一套完整的数学理论支撑。随机采样策略主要通过随机地在目标周围撒一些粒子采样点来进行搜索，每个粒子采样点都有一个权重，最后目标通过这些采样点来综合确定。相比于迭代搜索策略，由于其具有随机性，因此不易陷入局部极小值，而相比于滑动窗口策略，又避免了暴力搜索，相比而言其计算量可以大大减少，因此是目标跟踪里面最常用的一种方式。几乎目前所有的跟踪算法都可以采用随机采样的策略。其数学理论基础是把跟踪问题看成一个递归的贝叶斯滤波框架，最后通过粒子滤波（particle filter）[42,90]来进行求解。下面将简略描述一下递归的贝叶斯滤波框架及粒子滤波算法。

递归的贝叶斯滤波框架[90]主要涉及两种变量：一种为隐含变量，另一种为观测变量。具体到跟踪问题，隐含变量代表要跟踪物体的状态值（比如位置、尺度等信息），可以用 z_t 表示，下标 t 表示 t 时刻，观测变量主要代表跟踪中观测到的图像特征（比如跟踪中目标模板），可以用 y_t 表示。整个跟踪过程可以由两个阶段表示：预测阶段和更新阶段。其中预测阶段可以表示为

$$p(z_t \mid y_{1:t-1}) = \int p(z_t \mid z_{t-1}) p(z_{t-1} \mid y_{1:t-1}) \mathrm{d}z_{t-1} \tag{1-1}$$

其中，$p(z_{t-1} \mid y_{1:t-1})$ 代表$(t-1)$时刻的后验概率，也就是$(t-1)$时刻得到的目标所在位置。$p(z_t \mid z_{t-1})$ 代表系统的运动模型，用来预测下一时刻目标可能的位置，本质上描述的是跟踪的搜索策略。$p(z_t \mid y_{1:t-1})$ 表示通过先前得来的观测值来估计下一时刻可能的位置。更新阶段可以表示为

$$p(z_t \mid y_{1:t}) = \frac{p(y_t \mid z_t) p(z_t \mid y_{1:t-1})}{p(y_t \mid y_{1:t-1})} \tag{1-2}$$

其中，$p(y_t \mid y_{1:t-1})$ 为归一化常数，可以表示为 $p(y_t \mid y_{t-1}) = \int p(y_t \mid z_t) p(z_t \mid y_{1:t-1}) \mathrm{d}z_t$。$p(y_t \mid z_t)$ 表示似然函数，代表状态变量 z_t 与观测变量 y_t 之间的相关度，跟踪过程中这个

函数又叫观测模型，其本质上描述了目标的外观表示模型。

式（1-1）和式（1-2）在实际中很难求解，因此在跟踪过程中，通常采用粒子滤波来求解这两个公式。具体地，在目标状态空间可以采样很多点 $z_t^1, z_t^2, \cdots, z_t^N$，这些采样点就是通过随机的策略产生的，其中每个采样点都可以计算出一个权重 $w_t^i\ (i=1,2,\cdots,N)$，那么后验概率 $p(z_t \mid y_t)$ 可以表示为

$$p(z_t \mid y_t) = \sum_{i=1}^{N} w_t^i \delta(z_t - z_t^i) \tag{1-3}$$

最后目标状态可以通过 $\hat{z}_t = \arg\max_{z_t^i} p(z_t^i \mid y_{1:t})$ 来获得。

尽管随机采样相比于滑动窗口策略可以大大减少采样数量，但总体上，要想获得比较准确的后验概率估计，其采样数还是需要很多，比如在目标跟踪过程中，通常需要600个采样点才能获得比较好的性能。因此，在实际跟踪过程中，即使采用随机采样的策略，对一些比较耗时的外观表示模型（比如基于稀疏表示[37]）来说，要想实现实时的目标跟踪还是异常困难的。针对以上搜索策略的这些问题，本书第 3 章提出了一种全新的基于线性编码的搜索策略，该策略通过吸收迭代搜索策略和随机采样搜索策略的优点，在随机采样的基础上，在物体的外观空间构建一个连续的空间，从而可以迭代搜索以得到目标解，而不需要像粒子滤波一样，需要分别计算每个采样点的权重值，从而可以大大减少时间，同时也取得了比粒子滤波更加准确的解。

1.2.2 基于视频的三维跟踪研究

三维目标跟踪又可以称为物体的连续姿态估计，相比于二维跟踪主要估计目标在视频帧画面中的位置信息，三维目标跟踪需要连续地估计出物体相对于相机的空间位置关系[91]。本书主要关注刚体物体的三维跟踪，包括平移和旋转六个分量：x, y, z, rx, ry, rz，其中，x, y, z 代表物体相对于相机的平移分量 $\boldsymbol{t}$，rx, ry, rz 代表物体相对于相机的旋转分量 $\boldsymbol{R}$，如图 1-4 所示。需要估计出图中立方体相对于相机的 $\boldsymbol{R}, \boldsymbol{t}$ 值。

目前国内外对三维跟踪的问题也进行了深入的研究。国外比较有名的研究机构有瑞士洛桑联邦理工学院、英国牛津大学、德国慕尼黑工业大学及韩国科学技术学院等，国内比较有名的有浙江大学、中国科学院自动化研究所等。

常见的三维跟踪算法主要有两个问题：第一个为如何找到三维物体或三维平面上的点在图像上的对应点（3D-2D correspondence），第二个为如何准确地求解物体的姿态（pose estimation）。针对第二个问题，根据不同的姿态描述（欧拉角、四元数或者李代数等）[91]目前主要有通过 Levenberg-Marquardt（LM）算法[92]求解或者通过李代数[93]的方法求解，这两种方法在实际应用中都可以较好地得到物体的姿态。因此三维跟踪问题主要集中在第一个问题上，即如何鲁棒地找到三维物体上的点在图像上的对应位置。

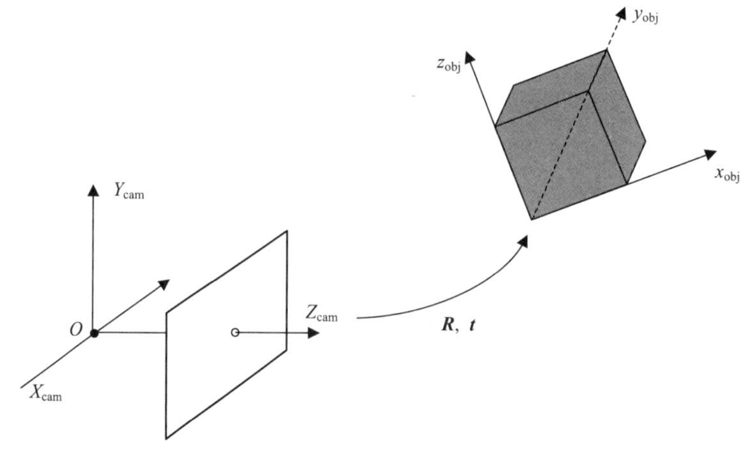

图 1-4　三维目标跟踪问题

根据应用场景的不同，三维跟踪又可以分为基于标志的三维跟踪[94]、基于特征的三维跟踪[95-97]及基于边的三维跟踪[93,98-100]。下面就对这三类跟踪分别进行描述。

1. 基于标志的三维跟踪

基于标志的三维跟踪[94]主要通过跟踪预先设计好的标志物，从而可以快速、准确地获得物体的三维姿态。其算法过程为首先在场景中放置固定样式的平面参考物，如图 1-5 所示，然后对图像进行二值化处理，检测出标志物在图像中的位置，最后根据真实标志物与图像标志物的对应关系确定物体的姿态信息。设真实场景中标志物的平面方程为 $Z=0$，那么平面内的任意一点都可以表示为 $M=(X,Y,0)$，一旦找到其在图像上的对应点 $m=(u,v)$，那么就可以通过如下公式计算物体的姿态信息。

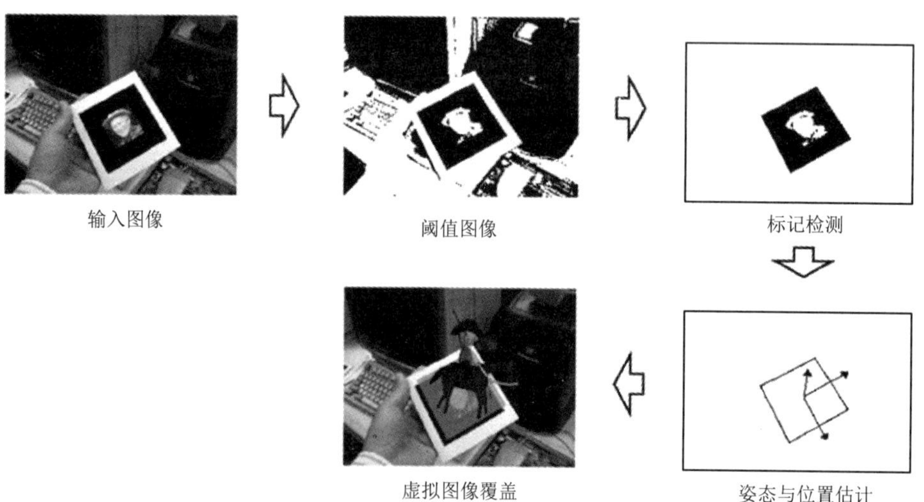

图 1-5　基于平面标志物的三维跟踪[65]

$$
\begin{aligned}
\boldsymbol{m} &\sim \boldsymbol{K}(\boldsymbol{R}^1\ \boldsymbol{R}^2\ \boldsymbol{R}^3\ \boldsymbol{t})(X\ Y\ 0\ 1)^{\mathrm{T}} \\
&\sim \boldsymbol{K}(\boldsymbol{R}^1\ \boldsymbol{R}^2\ \boldsymbol{t})(X\ Y\ 1)^{\mathrm{T}} \\
&\sim \boldsymbol{H}(X\ Y\ 1)^{\mathrm{T}}
\end{aligned} \tag{1-4}
$$

其中，$\boldsymbol{H}=\boldsymbol{K}(\boldsymbol{R}^1\ \boldsymbol{R}^2\ \boldsymbol{t})^{\mathrm{T}}$表示单应性矩阵[101]，理论上只要找到$\boldsymbol{M}_i \leftrightarrow \boldsymbol{m}_i$之间的4个对应点关系，就可以通过直接线性转换（direct linear transformation，DLT）算法[102]求出。如果预先知道摄像机的内部参数$\boldsymbol{K}$，那么摄像机的外部姿态可以通过公式$\boldsymbol{K}^{-1}\boldsymbol{H}$求得。

尽管基于标志的三维跟踪比较简单，也比较鲁棒，但由于其需要在场景中增加额外的标志物，同时要求标志物在整个跟踪过程中可见，从而限制了其应用，因此人们转而从物体本身提取的特征进行三维跟踪。

2. 基于特征的三维跟踪

基于特征的三维跟踪[95-97]是三维跟踪最重要的一种方式，常用的有基于模板的跟踪方式[55,56,103,104]和基于特征点[75,88]的跟踪方式。基于模板的跟踪方式直接把物体的原始像素作为特征，通过 Lucas-Kanade 算法[55]进行模板之间的准确匹配来求得目标的三维姿态，虽然基于模板的跟踪方式可以得到准确的姿态信息，但由于直接采用物体的像素值作为特征，因此不能很好地处理遮挡、光照变化等情况，所以目前基于特征的三维跟踪更多地采用基于特征点的跟踪方式，如图 1-6 所示，左图为三维物体，右图为参考图，可以通过三维物体上的点和参考图上的点的对应关系来求出物体的姿态变化。图像中的特征点是图像中的局部特征，常用的有尺度不变特征变换（scale-invariant feature transformation，SIFT）[75]，加速鲁棒特征（speed-up robust features，SURF）[105]，加速分块测试特征（features from accelerated segment test，FAST）[106,107]等。其中，SIFT 特征由于其具有尺度旋转不变性，因此广泛应用于特征跟踪领域，尽管 SIFT 特征跟踪比较鲁棒，但其计算量比较大，因此一些更快的特征计算被提出，比如 SURF、FAST 等。目前比较有名的基于特征点的三维跟踪算法有 Vacchetti 等[95]提出的结合在线和离线信息的跟踪，通过离线构建几个不同的关键帧来在线地指导跟踪，取得了不错的结果。另外，Ozuysal 等[108]通过随机森林的策略来快速地提取特征点，实现了快速的特征点跟踪。

图 1-6 基于特征点匹配的三维跟踪

尽管基于特征的三维跟踪可以鲁棒地跟踪物体，但由于需要提取物体的特征，因此基于特征的跟踪只能应用于那些纹理信息比较丰富的物体上，比如跟踪建筑物、跟踪书本等。对于那些纹理信息不丰富或者无纹理的物体，基于特征的方法也将失效，针对这个问题，研究人员提出了基于边的三维跟踪方式。

3. 基于边的三维跟踪

基于边的三维跟踪[93,98-100]主要针对跟踪无纹理物体或者纹理信息很少的物体。由于缺乏纹理信息，基于边的跟踪往往需要预先知道物体的三维模型。所幸目前三维模型的获得基本上还是比较方便的，比如可以直接通过 Kinect 融合[109]或者通过 3D Max 建模等，因此此类方法也得到了广泛的研究。早在 20 世纪 80 年代，Harris 等[98]就在这方面展开了相关的研究，提出了经典的 RAPiD 方法，如图 1-7 所示。此方法主要基于通过跟踪三维物体的边，随后的算法基本基于此框架，改进的算法有基于多边假设的方法[110,111]、基于多姿态假设的方法[112,113]等。然而这些方法在复杂环境下都几乎不能工作。这是因为在复杂环境下，物体在图像上的轮廓边和环境融为一体，很难分辨。针对复杂环境下的三维无纹理物体跟踪，最新的研究是 Seo 等[99]通过直方图建模的方式进行跟踪。然而他们的方法在找对应点的时候，每个点是独立的，缺少邻近点之间的约束关系，因此也很容易跟踪失败。针对这个问题，本书第 4 章提出一种新的在复杂环境中找对应点的方法，通过建立邻近候选对应点之间的约束关系，构建一个有向无环图，然后通过动态规划求解目标在图像上的对应点，最后通过 LM[92]方法求解获得物体的姿态，从而可以实现快速、稳健的跟踪。

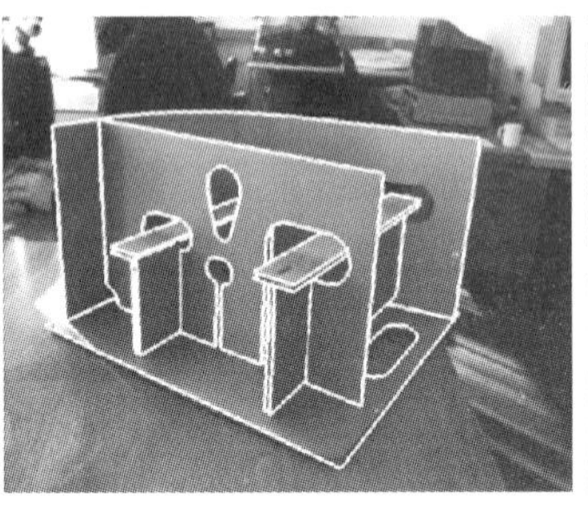

图 1-7 RAPiD 三维跟踪算法[91]

1.2.3 基于视频的装配解析研究

基于视频的自动装配解析是一个非常有用的技术。设想一下，目前用户在装配一个物体时，其参考的装配说明书都是基于文字描述或者图形描述的，更胜一点，厂商可能会配备装配过程中基于动画的描述等。其中基于文字和图形的描述，总体来说是非常抽象的，用户基本上需要自己去想象怎么装配、哪个物体先装配、装配到哪等一系列问题。基于动画描述的装配总体来说可以解决以上一部分问题，用户可以跟着动画的帧画面去装配物体。但是基于动画的装配过程仍然存在着一些问题，比如用户在装配过程中，对一些步骤并不能很好地理解，就需要不断地回放动画。另外，基于动画的装配也不能很好地解决用户选择正确的部件进行装配，因为很多物体，其中一些部件是非常相似的，这就很容易在装配的过程中，选择错误的部件进行装配，比如宜家（IKEA）家具，用户往往在装到一半的时候，才发现原先前面装配的部件出错了，这时就需要重新开始装配。因此，我们设想有一种基于动态的、交互的物体装配技术。用户在装配过程中，系统可以实时地告诉用户下一个装配部件是什么以及下一步装配部件应该往哪装等。而当用户一旦装错，系统会提示相应的错误，直到用户重新装配对了才能进行下一步操作。

早些年的装配指导技术研究主要跟增强现实联系在一起，比如 Tang 等[114]开发了一个增强现实系统来辅助用户操作简单的 Duplo 玩具。Antifakos 等[115]通过在物体上安装一些传感器设备，从而可以让计算机容易地分析装配过程。Molineros 等[116]通过在物体上添加标志物来跟踪其装配过程。虽然这些方法也涉及物体的装配，但其主要关心的是如何把装配过程显示在增强现实设备上，而并没有过多关注于如何指导用户进行装配。随后，Pongnumkul 等[117]通过视频教程的方式展示用户装配过程，他们开发了一个可以暂停-播放的系统来辅助用户装配物体，虽然他们的方法也是基于视频的，但只是教程式地指导用户，并没有真正和用户进行交互。为了可以让用户可以跟系统进行交互装配过程，Jota 等[118]提出一种基于 Kinect 设备的立体块（Blocks）系统，可以实现用户通过操作实际物体来操控虚拟物体。类似的，Miller 等[119]也通过 Kinect 设备来实现用户装配简单的、规则的 Duplo 物体，但只能在平面上进行操作。随后，Gupta 等[120]提出一种 Duplo 跟踪的算法，可以识别用户的装配过程，跟踪装配的物体，并提示用户如何装，另外该系统不仅能在平面上操作物体，也可以在整个三维空间里进行操作，如图 1-8 所示。尽管 Duplo 跟踪可以很好地跟踪装配物体，但其需要很严格的环境设置，并且也

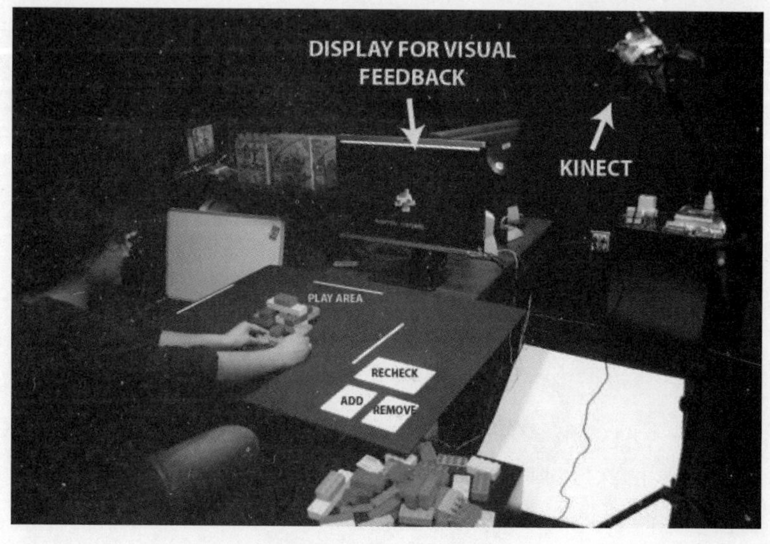

图 1-8 Duplo 跟踪

只能装配一些简单的 Duplo 模型，另外也只能基于 Kinect 设备[121]。综上所述，通过 Kinect 设备获得的深度信息去跟踪装配物体是一个不错的选择，但就目前而言，深度相机的普及还存在着一些问题，即使像 Kinect 这样廉价的设备，比起随处可见的摄像头，还是要远远少得多。另外，像 Kinect 等获取的深度信息也存在很大的噪声，同时还有距离的限制，这些都给算法的鲁棒性带来了很大的困难。因此，本书关注于基于视频的自动装配解析问题。

装配视频的解析是一件非常困难的事情，这是因为首先需要识别出各个装配物体，然后分析其装配过程以及跟踪装配物体等。尽管这些年在各个方面都取得了不错的结果，但总体来说这类问题还是非常困难的。就目前而言，基于视频的物体装配解析技术研究在学术圈里还基本上处于一片空白。因此为了使目标具有可行性，需要假设一些先验知识。我们假设装配物体基本部件的三维几何模型是预先知道的，同时还预先定义好这些基本部件之间的装配规则。

1.2.4 Kinect 工作原理

微软的 Kinect，作为低价深度感应器，能够用于识别人体手势和声音，从而与计算机进行自然交互。Kinect 彻底颠覆了游戏中使用手持或者脚踏控制器的操作方式，充分地展现出了人机互动的理念。它具有捕获人体动作、辨识影像和声音、麦克风输入等功能。不需要使用任何控制器，仅仅依靠相机就能捕捉三维空间中玩家的运动。

自从 2010 年被推出以来，微软的 Kinect 一直是最流行的游戏控制器之一，截止到 2013 年 2 月，已经卖出 2400 多万台。Kinect 能够让用户通过手势和声音与计算机自然交互。随着 Kinect 在市场上名声大噪，越来越多的研究人员投入到 Kinect 的应用研究中，除了一些体感游戏，基于计算机视觉的一些研究也得到了广泛的关注。

这里简单介绍一下 Kinect 及其技术原理。Kinect 感应器和微软 Kinect 软件开发工具或者第三方软件工具，例如 OpenNI，能够提供用户以下三类数据信息：二维彩色图像序列、三维深度图序列和三维骨架序列。

三维骨架序列极大地方便了 Kinect 应用开发，因为它把开发人员从复杂的人体姿态估计工作中解放出来。尽管如此，许多研究人员和软件工程师仍然使用彩色视频序列和深度序列进行人体姿态估计。

到目前为止，微软发布了两个版本的 Kinect。Kinect 第一个版本（Kinect v1）是在 2010 年 9 月作为 Xbox360 游戏机的外设控制器发布的。在 2012 年 2 月，发布了一个较小的修改版本，在计算机上进行应用开发。和原始版本相比，修改版的 Kinect 仅仅加入近距离的深度采集。Kinect 第二个版本（Kinect v2）在 2014 年中旬发布的。Kinect v2[122] 采用了一个完全不同的深度感应技术，在深度图和彩色图的分辨率上有较大幅度的提高。表 1-1 给出了这两版 Kinect 特点的比较。

表 1-1 Kinect v1 和 Kinect v2 主要特点比较

特点	Kinect v1	Kinect v2
深度感应技术	使用结构光推测	光飞行时间（TOF）
彩色图像分辨率	640×480 30 帧/s 1280×960 12 帧/s	1920×1080 30 帧/s
红外图像分辨率	640×480 30 帧/s	512×424 30 帧/s
深度图像分辨率	640×480 30 帧/s 320×240 30 帧/s 80×60 30 帧/s	512×424 30 帧/s
视域	垂直 43° 水平 57°	垂直>43° 水平 57°
深度感应范围	0.4～3m 0.8～4m	0.5～4.5m
骨架跟踪	最多两个人 每个骨架 20 个关节点	最多 6 个人 每个骨架 25 个关节点
内嵌手势	无	手状态（张开，握紧） 倾斜
Unity 支持	第三方	支持
人脸 API	基本的	大量的扩展
运行设计	每台计算机能够运行多台 Kinect 每个 Kinect 运行一个应用	一台计算机最多运行一台 Kinect 同一台 Kinect 同时运行多个应用
Windows 商店	不能发布	能

1.2.5 基于视频序列的人体行为识别方法

早期的人体行为识别方法主要是基于视频序列进行的，根据提取特征的不同，可以将基于视频序列的人体行为识别分为三类：基于时空体积的行为识别、基于时空轨迹的行为识别和基于时空局部特征的行为识别。时空体积属于全局特征，而时空轨迹和时空局部特征属于局部特征。

1. 基于时空体积的行为识别

直观上感觉，时空体积方法使用整个三维体积作为特征或者模板，匹配未知的行为视频序列从而获得最终的分类。然而，这类识别方法容易受到噪声和无用背景信息的影响，因此，建立前景的运动模型是这类方法最常见的方式。

Bobick 等[12]提取了全局的运动能量图（motion energy images，MEI）和运动历史图（motion history images，MHI）用于行为识别，很多方法扩展这个方法。Hu 等[123]结合运动历史图像（MHI）和外表信息去更好地描述人体行为。他们提出了两种基于外表的特征。第一种基于外表的特征是前景图像特征，通过背景相减获得。第二种梯度方向直方图（histogram of oriented gradient，HOG）特征，它描述了边和拐角的方向和强度，提出了模拟退火多事例学习支持向量机（SMILE-SVM）用于分类。该分类算法在模拟退火方法的基础上进行扩展，通过不依赖于模型初始化的方式获得全局最优。Qian 等[124]结合全局特征和局部特征去识别人体行为。全局特征是基于二值运动能量图提出的，编码运动能量图的轮廓信息作为全局特征，这样能够克服运动能量图所存在的缺陷。对于局部特征，使用物体的包围盒去获取。最后使用多类支持向量机去分类特征。Roh 等[125]把 Bobick 和 Davis[12]提出的运动历史图像从二维空间扩展到三维空间，并且提出运动模板用于视点独立的人体行为识别。相似地，从步态能量图[126]获得灵感，Kim 等[19]提出累积运动图（accumulate motion image，AMI）去作为行为的时空分类特征。累积运动图本质上是图像之间差异的平均值。秩矩阵通过计算累积运动图所有像素的计序测量来获得。使用 L1 范式计算测试视频序列的秩矩阵和所有训练的候选秩矩阵之间的距离，最小距离对应的候选秩矩阵的类别就是测试视频序列所属的类别。这类算法从人体的运动区域提取全局的轮廓特征用于人体行为分类，这类算法简单高效，但是需要精确地分割，并且不能存在遮挡问题。

大量的研究人员尝试使用轮廓或者骨架这样的人体模型用于行为识别。Ikizler 和 Duygulu[127]提出最新名为矩形方向直方图（histogram of oriented rectangle，HOR）的姿态描述符用于行为识别。他们从人体轮廓提取方向矩形块序列，所有矩形块构成的空间方向直方图用来表示人体行为。然后使用局部窗口的方式去捕获直方图的局部动态性。最后，四类分类算法、最近邻算法、全局直方图算法、支持向量机算法和动态时间变形算法用于最终的分类结果比较。Fang 等[128]首先使用局部保持性映射方法把高维轮廓映射到低维空间，用作空间运动描述符，低维的空间运动描述符包含了行为的本质运动结构。这时三个不同的时间信息，时间上相邻信息、运动差异信息和运动轨迹信息，被应用于空间描述符来获取分类特征。最后，最近邻算法用于分类。Ziaeefard 和 Ebrahimnezhad[129]使用累积骨架图像（cumulative skeletonized images，CSI）作为特征，在此基础上构建了二维距离直方图特征，使用分层的支持向量机来做分类。具体过程如下：首先，使用一个支持向量机分类器对累积骨架图像直方图特征进行粗糙分类，把差异性大的行为分开。然后，在相似的行为上提取显著性特征，使用另一个支持向量机分类器分类易混淆的行为。Wang 和 Mori[130]使用词袋框架（bag of words，BOW），提出了半隐主题模型（semilatent topic models，STM），其中词袋框架中的每个单词对应视频序列中的一帧图像，每一个文档对应一个视频序列。在提取特征的过程中，首先在视频序列中获取人的位置信息，然后计算光流信息，最终形成运动描述符特征。和隐狄利克雷分配（latent Dirichlet allocation，LDA）[131]等一些隐主题模型相比，半隐主题模型不要求设定主题的数量，就能够得到很高的识别准确率。Guo 等[132]把行为看作是以质心为中心的物体轮廓局部变形后的时间序列。每一个行为用一个几何特征向量集合的协方差矩阵来表示，这个集合特征向量捕获了物体的轮廓信息。使用黎曼几何测量方法去计算协方差矩阵之间的距离，通过距离的远近来衡量两个行为序列之间的相似性。这类算法主要以人的整体轮廓为基础，通过一些映射方法或者变形方法在轮廓上提取行为的运动本质特性用于分类。这类算法同样需要对人体轮廓精准的分割。

基于时空体积的方法也使用了一些其他算法进行人体行为识别。Kim 等[133]扩展了典型关联分析（canonical correlation analysis，CCA）去测量视频序列之间的相似性。这个方法应用于视频和时间形成的三维体上，避免了运动估计存在的问题，同时提出了一种对类内差异鲁棒的时空匹配算法。Liu 等[134]对显著行为单元（signaling access unit，SAU）使用主成分分析（principal component analysis，PCA）算法，对测试视频序列使用 AdaBoost 分类器进行分类。Cao 等[135]使用异构特征机（heterogeneous feature machines，HFM）结合不同种类特征用于行为识别。

2. 基于时空局部特征的行为识别

在人体行为识别领域，局部特征的应用是从基于图像的物体识别领域发展过来的。局部特征是指兴趣点及其周围信息的描述符。这些兴趣点及其对应的局部特征是最具信息量和最鲁棒的。根据兴趣点的密集程度，可以把局部特征的表示方法大致分为两大类：稀疏的和稠密的。基于 Harris 三维检测[13]和 Dollar[136]检测的方法是稀疏的，而基于光流的方法是稠密的。

Bregonzio 等[137]使用时空点云的方式去克服 Dollar 检测器[136]存在的缺陷。他们通过调节时间尺度参数，累积获取时空点云，在时空点云上提取整体性特征。支持向量机和最近邻分类器用于最终的分类。Jones 等[138]基于 Bregonzio 等的研究，使用 K-Means 聚类算法对时空点云进行聚类，使用 ABRS-SVM 分类器引入了相关的反馈机制。在人体行为识别领域，Harris 三维兴趣点尽管被广泛使用，但是很多情况下，其稀少的数量极大地制约了作用的发挥。在多尺度机制下，Gilbert 等[14]使用简单的密集二维 Harris 兴趣点[139]去构建特征，使用两阶段的分层模型去分类特征和识别行为。Sadek 等[140]也使用 Harris 检测器检测兴趣点，同时使用时间上的半相似性去描述局部兴趣点。结合全局特征，使用 SVM 分类。这类行为识别算法主要是在视频序列上提取稀疏的局部兴趣点，在兴趣点周围计算相应的描述符来表示行为，稀少的兴趣点数目和关键的运动部位缺乏兴趣点是这类算法的主要缺陷。

光流法通常用于特征点的检测和描述[16-18]。Sclaroff 等[16]使用光流法和前景流法去提取人、物体和场景的运动特征。所有这些特征作为多实例学习框架（MIL）的输入，在给定视频上提取兴趣点。Holte 等[17]从八个加权的二维光流场中构建三维光流，从而实现视点不变的行为识别。三维运动信息（3D-MC）和谐波运动信息（harmonic motion communication，HMC）以视点不变的方式来表示提取的三维运动向量。另一个基于光流的工作是 Oikonomopoulos 提出的 B-样条多项式描述符[19]。在从给定的视频序列估计的光流场上，基于三维逐段多项式的几何特性，以提取时空兴趣点的方式提取 B-样条多项式描述符。B-样条多项式描述符对于平移和放缩变换保持不变。和使用稀疏兴趣点分类人体行为的算法相比，这类算法能够提取更多、更密集的兴趣点，解决稀疏兴趣点所面临的问题，但是大量提取兴趣点必然造成计算负担，并且存在大量的冗余。

除了上述两类提取兴趣点的算法，还有更多其他的方法用于提取兴趣点。Rapantzikos 等[141]提出一个基于显著性的兴趣点检测器，它能够响应亮度、颜色和运动的变化。使用多尺度的体表示方式来描述每个视频序列，在三维像素级别上进行时空操作，显著性响应的极值点被选作兴趣点。在不同行为视频序列数据库上使用了多个分类算法求得最终的识别结果。Minhas 等[142]基于三维对偶离散小波变换方法（DT-DWT）提出最新的时空特征，这个变换方法能够有效地获取时空信息。而对于局部静态特征，使用仿射尺度不变特征转换方法去提取。在一些公共的行为数据库上，通过联合使用时空特征和局部静态特征，极限学习机器分类器能够取得较高的识别率。Yu 等[143]基于语义信息森林（STFs）方法提出实时的行为识别框架。加速分块测试特征检测器[144]被扩展为 V-FAST，用于视频兴趣点检测，使用语义信息森林去分类兴趣点周围的局部时空体，从而生成判定字典。金字塔时空关系匹配方法（pyramidal spatiotemporal relationship match，PSRM）被用于局部的外表和结构信息，使用金字塔时空关系匹配算法分析每对兴趣点，从而构建兴趣点的三维关系直方图集合。Zhu 等[145]提出时空完整性响应描述符。这个描述符通过提取密集时空描述符和使用特征包的行为描述方式，能够有效地捕获每个行为的特性，同时特征包直方图的行为表示方式能够容许行为之间在时间和空间上的差异。Le 等[146]扩展了独立子空间分析（independent subspace analysis，ISA）算法，以分层的方式从未标记的视频序列中学习不变的时空特征。更具体来讲，首先从小块视频序列中学习特征作为较低层的输入，然后使用大块视频序列对特征进行卷积，得到新的特征作为较高层的输入，结合两层特征作为新的局部特征用于最终的分类。两层卷积模型克服了独立子空间分析算法对较长视频序列的限制，在一些具有挑战性的数据库上有很好的表现。和全局特征相比，局部特征有着不需要精准的分割，对遮挡问题更鲁棒等优点，但是他们也面临一些问题，如人体运动关键部位缺乏特征点，需要剔除复杂背景提取的特征点等。

3. 基于时空轨迹的行为识别

关节点的位置轨迹信息足够用来识别人体行为[147]，这是基于时空轨迹的行为识别方法最主要的依据。轨迹的构建是通过跟踪关节点或者人体身上的兴趣点来完成的，各种各样的轨迹表示和对应的匹配算法用于行为识别。

Messing 等[148]使用 KLT 跟踪器[149]跟踪 Harris 三维兴趣点提取轨迹，使用速率序列来表示轨迹。他们使用生成混合模型从速率序列中学习历史速率语句，用于分类视频序列。对于所有行为，建立轨迹序列加权混合模型。历史速率单词可以看成是混合模型的组成要素，每个行为在这些组成要素上都有一个具体的分布。同时，他们使用更为复杂的隐速率模型结合其他信息，例如表面纹理信息、位置信息和高级语义信息，去扩展历史速率特征。这类算法的缺点是很难保证提取的兴趣点处于人体的运动区域，同时稀疏的兴趣点也是这类算法面临的一个问题。

Wang 等[150]使用密集轨迹的方式描述行为视频序列。他们从每一个视频帧中采集密集兴趣点，然后在密集光流场中基于位移信息跟踪他们，最后计算兴趣点周围的局部特征，例如梯度方向直方图（HOG）、光流直方图（histogram of oriented optical flow，HOF）和运动边界直方图（motion boundary histogram，MBH）。跟踪密集兴趣点的方式一定程度上缓解了稀疏兴趣点造成的问题。

1.2.6 基于深度图序列的人体行为识别方法

基于深度图序列行为识别算法的好坏主要依赖于特征，局部的或者是全局的特征从深度图构成的时空体中提取。和视频序列相比，深度图序列能够提供对光照变化不敏感的几何测量机制，这种机制不是简单的投影。然而，对于人体行为识别来说，设计有效且高效的深度序列表示方法是一项极具挑战性的任务。首先，深度序列可能包含严重的遮挡，这使得全局性特征很不稳定。此外，和视频序列中的图像相比，深度图的纹理信息更少，并且噪声更多，以至于很难使用像梯度这样的局部微分操作符。并且研究人员已经注意到，对深度图序列直接使用为视频序列设计的特征描述符很难得到令人满意的结果[151]。这些挑战促使研究人员开发出了一些半局部的、高度判定性的和对遮挡更鲁棒的特征。

Li 等[152]采用特征包的概念，在可扩展的图模型框架下，构建行为图模型去编码行为。行为图模型中的每一个节点表示行为的显著性姿态，它是用一组从深度图采集的具有代表性的三维点集来描述的。关键思想是使用少量的三维点去描述每一个显著性姿态的三维形状，同时使用高斯混合模型给这些点建立统计分布。对于三维点集的采样方法，作者使用简单但有效的投影方式的采样策略从深度图中稀疏采样。

该方法[152]一个很严重的问题是兴趣点之间空间上下文信息的缺失。同时，由于深度图中的噪声和遮挡的影响，从侧面和顶部观察到的轮廓可能是不可靠的，所以当给定几何和运动信息时，很难鲁棒地去采样兴趣点。为了解决这些问题，Vieira 等[153]提出了一种最新的特征描述符——时空占有模式（space time occupancy patterns，STOP）。深度序列可以看作为四维时空体，使用饱和机制加强稀疏时空细胞的作用，每一个稀疏细胞是由四维体的轮廓或者运动部分的特征点构成的。

为了解决噪声和遮挡造成的问题，Wang 等[154]提出全新的行为识别框架。将三维行为序列看成一个四维体模型，从四维体模型的不同位置采样不同大小的四维子体积，提出随机占有模式（random occupancy patterns，ROP）特征。因为随机占有模式特征是基于更大的尺度来提取的，所以它对噪声更鲁棒。同时，和之前的算法相比，随机占有模式特征对遮挡不敏感，因为它编码的区域是行为最具判定性的区域，能够自动过滤掉遮挡部分。同时 Wang 提出了一个加权随机采样策略，能有效地探索大密度采样空间，采用稀疏编码的方式也能进一步改善算法的鲁棒性。

Yang 等[155]提出深度运动图（depth motion maps，DMM）去捕获时间上累积的运动能量，更具体来说，深度图被投射到三个预定义的正交笛卡尔平面，然后对投射图做归一化。对每个投射图，通过计算连续两帧的

差值得到一幅二值图；对于每个投射视角，把所有的二值图累加获得深度运动图；对每个深度运动图使用梯度方向直方图（HOG）方式提取特征，把三个视角下提取的特征连接到一起构成最终的特征描述符，最后使用支持向量机（support vector machine，SVM）分类器训练所有的特征用于最后的识别。和一些其他方法相比，这个方法的计算复杂性相对较低，因为梯度方向直方图只是应用到最后的深度运动图中。

最近，Oreifej 等[151]对深度图序列提出一种新的特征描述符。他们在由时间、深度和空间构成的四维体积上提取表面法向方向的直方图分布，用来描述每个深度图序列。深度图序列是一个代表空间和时间的深度函数，他们提出使用四维表面法向方向直方图描述符（HON4D）来捕获变化的结构信息。在行为数据库 MSR Action3D 上做测试，实验结果显示使用 HON4D 描述符能够获得当前最好的识别率。

除了仅仅使用深度图序列，Zhang 等[156]使用四维局部时空特征来表示人体行为，这个时空特征是视频信息和几何信息的加权线性组合。该方法把每个像素的响应及其在时空窗口中的梯度结合成一个特征向量，每个特征向量的维度超过 10^5。为了减少计算量，对所有的特征向量使用 K-means 算法聚类得到 600 个单词，用于编码行为。为了从输入视频中预测行为，他们将这个问题转化为隐狄利克雷分配（LDA）问题，从四维特征中计算的代码被视为单词，吉布森采样[157]被用来近似估计和推理高维模型。

Lei 等[158]同时考虑深度和彩色信息，用于识别一些厨房里的行为。和之前受限于单人运动的方法相比，该方法通过跟踪人手和物体之间的交互，例如用水和面、切蔬菜等等，展现了一个成功的物体和人体行为相结合的雏形。仅仅识别物体及其状态的变化就能够很好地训练样本来识别细粒度的厨房行为。该方法使用了物体跟踪的结果去研究物体和行为识别。对于物体的识别，采用类似于 SIFT 的特征，从深度和彩色数据中提取。然后放入支持向量机（SVM）训练分类模型。而对于行为识别，结合了全局特征和局部特征。对于全局特征，使用主成分分析算法（PCA）对手的三维轨迹梯度进行降维来获取。而对于局部特征，定义为手的轨迹梯度片段的特征包（BOF）。

受到从彩色图像数据提取轮廓方法的启发，Jalal 等[159]提取深度轮廓去构建特征向量。提出的方法关键在于应用 R 变换[160]来获得压缩的形状表示，能够反映出行为的时间顺序特性。使用主成分分析算法（PCA）对特征进行降维，使用线性判定分析（LDA）提取最具判定性的特征向量。隐马尔科夫模型（hidden Markov model，HMM）被用于建立行为的时间模型。

1.2.7 基于三维骨架序列的人体行为识别方法

基于骨架数据行为识别的研究能追溯到早期 Johansson[161]的工作，这篇文章证明大量的行为可以仅仅通过关节点的位置信息来识别，从此以后大量的文献研究了这类行为识别。和基于深度图方法相比较，大部分基于骨架行为识别方法明确地建立了行为的时间动态模型。目前主要有三种方式来获取骨架：动作捕捉系统（Mocap）、多目或者多视点彩色图像和单视点深度图[162,163]。这三种方式之间最主要的区别是所获取的骨架数据含有的噪声情况不同。和其他两类数据相比，使用动作捕捉系统获取的数据含有的噪声是最少的。多视点设置多用于获取彩色图像，和单目深度图相比，它能够得到更稳定的骨架数据。早期的人体行为识别方法主要是在动作捕捉的数据上和从多视点彩色图像提取的骨架数据上来测试；而最近的工作主要应用于单目深度图提取的骨架数据上，这主要是因为这类数据更容易获取，设备更便宜。

Campbell 等[164]用低维度面空间的曲线来表示行为。面空间的每一个坐标轴用人体独立的参数来定义，比如脚踝到脚踝，这样人体的一个静态姿势可以看作面空间里的一个点，而一个行为可以形成空间里的一条曲线，该曲线在被选出的二维平面上的投影作为行为的特征。最后对于测试行为进行投影，得到一点集合，通过判断其属于哪个行为曲线来得到测试行为的类别。然而，由于投影曲线的三次多项式拟合问题，仅仅一些简单的运动可以识别，但是它能够成功识别各种各样的芭蕾舞运动。虽然时间动态性隐含在曲线表示中，但是他们没有明确地对时间动态性进行建模。由于使用面空间的表示方式，他们的方法对视点和尺度保持不变性。

和上面使用二维子空间的观点类似，Lv 等[165]设计了一种基于多个人体关节点相结合方式的空间局部特征。他们发现，仅仅使用姿态向量可能会引起一些相关信息的丢失，削弱模型的判定能力，所以，他们考虑使用人体不同部位的运动来提取特征。最终，他们构建了一个包含七类子特征的 141 维的特征向量。为了避免身体初始朝向和身材大小对分类结果的影响，骨架数据被预先归一化，使用隐马尔科夫模型（HMM）对特征和行为类别建立时间动态性。该方法的关键创新是把每个隐马尔可夫模型看成一个弱分类器，使用 AdaBoost 算法结合多个弱分类器得到更具判定力的强分类器，而且提出了一种基于动态规划的算法，能够从连续的骨架序列中提取包含一个行为的子序列。

在最近的工作中，Xia 等[166]提出最新的三维骨架点位置直方图的特征，能够本质上编码相对于骨架根节点的空间占有信息。他们以臀部关节点为中心，定义了一个椭圆坐标系统，把三维空间划分为 n 个三维子空间。不同于其他根据空间占有量做二值判定的方法，他们通过概率投票的方式给出一个小数级别的空间占有，采用线性判定分析算法（LDA）提取判定性的特征，使用 K-means 聚类算法离散连续向量，实现向量量化，离散的隐马尔科夫模型（HMM）用于建立行为的时间动态性。

由于缺少运动分层模型，上面提到的大部分算法仅限制于单人的行为识别。相比较，

Koppula 等[167,168]明确地考虑到人和物体的交互运动。他们使用两类节点在时空序列上定义了马尔科夫随机场（Markov random field，MRF）模型，其中两类节点分别是物体节点和子行为节点。物体节点特征代表物体在场景中位置以及物体在不同时刻位置的变化情况，使用变换矩阵和 SIFT 跟踪器中对应点的位移情况来描述。子行为节点特征由从彩色图像中提取的人体骨架信息计算得到的。模型中的边代表物体和物体之间，物体和子行为之间以及物体随时间的变化这三者之间的关系。这个运动分层模型能够处理如人机交互这样复杂的行为，支持向量机（SVM）被用于最后的分类。

类似于 Koppula 等人的工作[167,168]，Sung 等[169,170]使用两层的最大熵马尔科夫模型（maximum entropy Markov model，MEMM）去建立行为分层模型。模型的底层代表举起左手这样简单的子行为，而高层代表更复杂的行为，例如倒水。在他们工作中使用的特征由四部分构成。第一部分是基于关节点朝向的身体姿态特征；第二部分是手相对于躯干和头部的相对位置特征，选取手的相对位置作为特征是因为手在很多行为中起到关键的作用；第三部分考虑关节点在时间轴上的运动信息；采用梯度方向直方图（HOG）从彩色和深度图像中提取的特征作为最后一部分特征。模型最关键一点是子行为和复杂行为之间的动态相关性。一般来讲，他们使用的视频数据是未分割的。他们使用高斯混合模型（Gaussian mixed model，GMM）去聚类训练数据，使用聚类中心表示子行为，同时使用概率模型去推理两层之间一个最优的相关性。

Wang 等[171]的工作同时使用了骨架和点云数据。他们工作的中心思想是一些行为的不同主要是由于交互物体的不同造成的，而仅仅使用骨架信息不足以判定这些行为。为了这个目的，他们提出一个最新的行为整体模型去代表每一类行为，通过占有信息去捕获类内差异。根据骨架信息，他们发现关节点之间的相对位置信息比关节点自身的位置信息更具有判定性，使用局部占有模式（local occupancy pattern，LOP）特征化人和环境物体之间的交互，具体来讲，LOP 特征是通过统计每个关节点周围三维点云的分布情况来得到的。每个关节点的局部空间使用一个空间网格来离散化。他们连接特征向量，在每个关节点上应用短时傅里叶变换获得频率信息，作为傅里叶时间金字塔特征。傅里叶时间金字塔对行为序列时间上的未匹配是不敏感的，对噪声鲁棒，而且包含行为的时间结构。

Yao 等[172]提出一个更通用的方法，他们使用相应的姿态特征来编码骨架运动。这些特征表示，对于某一个姿态，相关的关节点之间会存在一定的几何关系。对于行为识别，使用霍夫森林[173]去建立行为模型。他们的系统能够实现姿态估计和行为识别两项任务。

Yang 等[174]提出了从深度图序列中提取的本征关节点特征。这个特征由三部分组成：姿态特征、运动特征和偏移特征。姿态特征表达了每对关节点在每一帧内的空间信息，运动特征描述了每对关节点在连续帧上的时间信息，偏移特征代表当前姿态和初始姿态之间的差异。他们归一化这三部分特征，使用主成分分析算法（PCA）对特征降维和去噪，从而获得本征关节点特征。对于分类过程，他们采用简单实用的朴素贝叶斯最近邻

(naive Bayes nearnest neighbor，NBNN）分类器。这篇文章最大的限制是初始姿态的假设。

基于三维骨架序列的人体行为识别方法是本书的研究重点，和之前的两类行为识别方法相比，因为属于同一个研究领域，基于三维骨架序列的人体行为识别方法会存在一些相同的问题，比如遮挡问题，行为序列的时间不一致问题等，又由于使用数据的不同，也会出现一些新的问题和挑战。具体如下：

- 由于噪声和遮挡问题，提取的三维骨架数据是不稳定甚至是错误的。当人在执行某一个行为时，经常会出现遮挡问题，导致很难准确地估计人体的三维骨架信息。这里的遮挡主要包括两方面：一个是自身的遮挡问题，另一个是人和物体之间的遮挡问题。对于这两类遮挡问题，目前有两种方式来解决。一种方式是，通过多台 Kinect 采集器，从不同角度对人体进行数据采集，选择准确的深度数据重新对人体提取三维骨架结构。这样做的主要缺点是，由于 Kinect 有一定的数据采集范围，同时使用多台 Kinect，会严重影响人的活动。另一种方式是，Kinect 是通过发射红外线来获取场景的深度信息的，多台 Kinect 一起工作会相互干扰，进一步加重了噪声问题，导致三维骨架数据更不稳定。
- 通过特征选择算法，可以选择那些未遮挡的、判定性强的关节点提取的特征，抛弃那些被遮挡的关节点提取的特征。这种做法代价最小，也是比较合理且容易实现的。但是这种做法的一个缺点就是如果判定性强的关节点正好被遮挡，那么这种做法产生的效果就会大打折扣。
- 由于不同受试者的身高、体重等外在因素差异很大，导致对于同一姿态，不同的受试者提取的三维骨架数据也会差异很大，这种差异也会一定程度上影响行为的识别结果。目前有两种方式解决这一问题。一种方式是对提取的特征做归一化处理；另一种方式是求每对关节点之间的测地距离，根据测地距离的大小，调节关节点的位置信息。
- 对于某些行为，仅仅使用骨架数据很难区分它们。比如喝水和喝酒这两类行为，如果仅仅看骨架序列，会发现它们非常相似。对于这种情况，需要更多的信息介入。视频序列或者深度图序列都能提供更有力的判定信息。Wang 等[171]通过每个关节点周围的深度点云分布情况来区分相似性的行为，本质上就是通过区分不同物体的轮廓来分类行为的。

1.3 本书结构

本书工作主要集中在基于视频的各类跟踪以及基于三维骨架序列的人体行为分析问题上，组织结构如下：

第 1 章首先介绍了跟踪以及人体行为分析相关的几个问题的研究背景和意义；然后分别介绍了几种不同类型的跟踪相关的算法，包括二维目标跟踪的外观表示模型和搜索策略，三维目标跟踪三类不同的跟踪方法以及视频装配解析的一些研究现状。另外介绍了几种不同类型的人体行为分析算法，包括基于视频序列的人体行为分析算法，基于深度图序列的人体行为分析算法和基于三维骨架序列的人体行为分析算法。

第 2 章介绍了后面三章都涉及的一个状态描述方法——变换矩阵的概念。另外，研究了仿射变换矩阵的李代数表示，并给出了基于李代数表示的刚体变换矩阵的插值算法。

第 3 章描述了基于稀疏和局部线性编码的目标二维跟踪。首先引入能量函数形式下的粒子滤波跟踪模型；然后在这个模型基础上，引出本书提出的基于稀疏编码的跟踪模型和基于局部线性编码的跟踪模型；接着为了验证本书提出的算法有效性，又介绍了两种新的外观表示模型，包括基于最小软阈值平方的外观表示模型以及基于自适应结构的局部稀疏外观表示模型；最后通过在 Benchmark 上的对比实验，验证了本书提出算法的有效性和可靠性。

第 4 章阐述了基于全局优化搜索的目标三维跟踪。首先从数学上阐述了三维跟踪的问题；然后介绍了基于全局优化搜索的对应点查找算法，包括对应点搜索问题的能量函数形式，候选对应点的查找策略、候选对应点的概率建模计算以及基于图模型的动态规划算法；最后通过实验验证了本书提出算法的有效性。

第 5 章展示了基于装配规则的物体装配解析技术。首先介绍了物体装配解析的总体设计框架；然后介绍了本书提出基于装配规则的在线推断算法，分别阐述了数据库的创建、在线推断算法的框架、部件识别算法、组件装配算法以及组件跟踪算法；最后展示了基于装配算法的几个应用，包括在线指导用户装配过程、生成三维装配动画以及自动视频标注等内容。

第 6 章介绍了基于分层模型的人体行为识别算法。首先介绍了分层模型的具体构造。然后介绍了相对位置特征和使用傅里叶时间金字塔提取频率特征的过程。最后在最新的骨架数据库上，给出实验结果。

第 7 章介绍了基于向量空间行为描述的实时人体行为识别算法。首先介绍了由相对位置特征和运动特征构成的时空帧特征；然后介绍了使用 K-means 聚类帧特征得到聚类中心，描述人体行为；最后介绍了两个最新的特征加权算法，同时也给出了算法的性能分析和与现有方法的比较。

第 8 章介绍了基于加权图和全局最优相似性测量的人体行为识别算法。首先介绍了时空帧特征的构成；然后介绍了如何构造加权图，其中详细介绍了加权图的顶点提取方法和边的权重计算方法；最后介绍了全局最优相似性测量算法，同时也给出了算法的性能分析和与现有方法的比较。

第2章　变换矩阵的李代数表示

变换矩阵描述了物体在空间中的运动情况，比如在二维目标跟踪中，采用仿射变换矩阵来描述物体在平面内的运动状态；在三维目标跟踪中，采用刚体变换矩阵来描述物体在三维空间中的运动状态；而在视频装配解析中，同样采用刚体变换矩阵来描述装配物体的运动状态。事实上，刚体变换矩阵同时也属于仿射变换矩阵。

在具体的研究过程中，发现仿射变换矩阵本质上是一类特殊的矩阵，其构成的空间不是一个线性空间，而是一个流形空间[175,176]。通常情况下可以通过李群和李代数[175]对其进行描述，其内容本身就是一个值得研究的课题。因此，在研究具体的跟踪问题之前，本章先对仿射变换矩阵进行简单的研究，以便可以更好地理解仿射变换矩阵的一些特性。在本章中，首先介绍了后面几章需要用到的仿射变换和刚体变换矩阵，然后研究基于李代数表示的刚体变换矩阵的插值算法，并通过 Matlab 程序对插值算法进行验证。通过该插值算法，可以得到物体在三维空间中的光滑运动轨迹。

2.1　变换矩阵

变换矩阵描述了物体在空间中的运动关系，比如射影变换矩阵、仿射变换矩阵、相似变换矩阵以及刚体变换矩阵等。在本书中，主要涉及仿射变换矩阵（第 3 章）和刚体变换矩阵（第 4、5 章）。因此，下面将对这两类矩阵进行简单的介绍。

首先介绍仿射变换矩阵。三维（或者二维）空间内的仿射变换，可以表示为 $\boldsymbol{x}' = \boldsymbol{A}\boldsymbol{x} + \boldsymbol{b}$，其中 $\boldsymbol{A}$ 和 $\boldsymbol{b}$ 是参数。如果表示为齐次坐标的形式，可以得到

$$\overline{\boldsymbol{x}}' = \begin{bmatrix} \boldsymbol{x}' \\ 1 \end{bmatrix} = \begin{bmatrix} \boldsymbol{A} & \boldsymbol{b} \\ 0 & 1 \end{bmatrix} \begin{bmatrix} \boldsymbol{x} \\ 1 \end{bmatrix} = \boldsymbol{T}\overline{\boldsymbol{x}} \tag{2-1}$$

在三维空间中，这是一个由 12 个自由度构成的矩阵，在二维空间中，则是一个由 6 个自由度构成的矩阵，其中 $\boldsymbol{A}$ 主要是由旋转、缩放、剪切等因素构成的矩阵，而 $\boldsymbol{b}$ 是由平移因素构成的，在二维空间中，表示为 x, y。相比于其他几种变换，仿射变换最大的特性就是在变换过程中保持直线的平行性。

对于二维空间中的仿射变换矩阵，进一步可以把式（2-1）写成

$$\begin{bmatrix} x' \\ y' \\ 1 \end{bmatrix} = \begin{bmatrix} a_1 & a_2 & t_x \\ a_3 & a_4 & t_y \\ 0 & 0 & 1 \end{bmatrix} \begin{bmatrix} x \\ y \\ 1 \end{bmatrix} \tag{2-2}$$

其中，$\boldsymbol{A}$ 是一个 2×2 的非奇异值矩阵，用 a_1, a_2, a_3, a_4 表示；$\boldsymbol{b}$ 是一个 2×1 的向量，用 t_x, t_y

表示。在二维空间中，仿射变换矩阵可以由 6 个参数进行描述，$\boldsymbol{\Theta}_t=(x_t,y_t,\eta_t,s_t,\beta_t,\theta_t)$，其中，$x_t$ 和 y_t 表示平移变换参数；η_t 表示旋转变换参数；s_t 表示尺度变换参数；β_t 表示宽高比率参数；θ_t 表示错切变换参数。

仿射变换矩阵和仿射变换参数之间的转换关系可以表示如下。

1. 仿射变换矩阵到仿射变换参数

其中平移变换参数和尺度变换参数可以表示为

$$x_t=t_x\text{，}\quad y_t=t_y\text{，}\quad s_t=\sqrt{a_1^2+a_2^2}$$

对于旋转变换参数 η_t：

如果 $a_1>0, a_3<0$ 或者 $a_1<0, a_3>0$，那么

$$\eta_t=\arccos\frac{a_1}{s_t}$$

如果 $a_1>0, a_3>0$，那么

$$\eta_t=-\arccos\frac{a_1}{s_t}$$

如果 $a_1<0, a_3<0$，那么

$$\eta_t=\arcsin\frac{a_1}{s_t}$$

对于错切变换参数 θ_t，可以表示为

$$\theta_t=\frac{a_4\sin\eta_t+a_2\cos\eta_t}{a_4\cos\eta_t-a_2\sin\eta_t}$$

对于宽高比率参数 β_t：如果 $\theta_t\cos(\eta_t)-\sin(\eta_t)=0$，那么

$$\beta_t=\frac{a_4}{(\theta_t\sin\eta_t+\cos\eta_t)s_t}$$

否则

$$\beta_t=\frac{a_4}{(\theta_t\cos\eta_t-\sin\eta_t)s_t}$$

2. 仿射变换参数到仿射变换矩阵

其中，$t_x=x_t$，$t_y=y_t$，$a_1=s_t\cos\eta_t$，$a_2=\theta_t s_t\beta_t\cos\eta_t-\beta_t\sin\eta_t$，$a_3=s_t\sin\eta_t$，$a_4=\theta_t\beta_t\sin\eta_t+\beta_t\cos\eta_t$。

刚体变换矩阵描述了物体的刚体变换，包括平移和旋转变换，因此相比仿射变换矩阵，其自由参数个数要少得多。在三维空间中，共有 6 个参数，分别为 x,y,z,rx,ry,rz，其中，x,y,z 代表物体在空间中的平移变换；rx,ry,rz 代表物体在空间中的旋转变换。具体可以由以下 4 个矩阵分别进行描述：

1）平移变换矩阵

$$\boldsymbol{T}=\begin{bmatrix}1&0&0&x\\0&1&0&y\\0&0&1&z\\0&0&0&1\end{bmatrix}$$

2）旋转变换矩阵，其中 $\boldsymbol{R}_x$，$\boldsymbol{R}_y$，$\boldsymbol{R}_z$ 分别代表绕三个旋转轴的变换矩阵

$$\boldsymbol{R}_x=\begin{bmatrix}1&0&0&0\\0&\cos rx&-\sin rx&0\\0&\sin rx&\cos rx&0\\0&0&0&1\end{bmatrix},\ \boldsymbol{R}_y=\begin{bmatrix}\cos ry&0&\sin ry&0\\0&1&0&0\\-\sin ry&0&\cos ry&0\\0&0&0&1\end{bmatrix},\ \boldsymbol{R}_z=\begin{bmatrix}\cos rz&-\sin rz&0&0\\\sin rz&\cos rz&0&0\\0&0&1&0\\0&0&0&1\end{bmatrix}$$

事实上，刚体变换矩阵也是仿射变换矩阵的一种，其主要保持物体的刚性变换。刚性变换是指不仅需要保持物体的直线变换，同时还需要保持长度、角度、面积等变换，即保持内积和度量不变。

2.2 仿射变换矩阵的李代数表示

这一节将研究仿射变换矩阵的李代数表示方法。由于刚体变换是仿射变换的一种，因此一般仿射变换的一些性质，对于刚体变换都是适用的。

数学上，李代数是一种代数结构，主要用于研究像李群和微分流形[175]之类的几何对象，在计算机视觉、机器人学等领域都存在着广泛应用。在物体运动估计方面，有些研究人员使用李代数处理计算机视觉系统[177]和机器人系统[178,179]中遇到的问题。如在文献[180]中，Dahua Lin 引入了变换序列的李代数表示，把变换群映射到向量空间，因此克服了群结构的一些困难，使得基于向量空间的统计学习技术可以用来估计物体的运动。在文献[181]中，Bayro-Corrochano 使用李代数表示群变换，通过估计李代数参数，运用系统识别的理论实现三维物体的运动估计。在文献[182]中，Miao 和 Rao 描述了一个新的、无监督的方式来学习基于李群理论的不变性，李群方法不同于传统的方法，通过牺牲转换信息来实现不变性，它明确了模型在图像变换中的效果。在物体检测和跟踪上面，物体的运动模型也可以用李群李代数进行描述。如在文献[183]中，Oncel Tuzel 应用李群理论参数化物体的运动模型，成功减少了不变性检测和跟踪中的一阶测地误差。在文献[184]中，Kwon 应用李群李代数进行运动模型分析，得到更可靠的实验结果。

2.2.1 仿射变换矩阵的李代数

所有符合式（2-2）这种形式的矩阵构成一种代数结构，即李群(Lie Group)。通常情况下，人们在对仿射变换应用李代数时，会在变换上附加其他硬约束。例如，保持体积的变换对应一个行列式的约束，如 $\det(\boldsymbol{T})=1$，这类几何约束是非线性的。李群和李代数

有着非常丰富的理论体系，感兴趣的读者可以参考文献[175,176]获得更多的介绍。

二维（三维）仿射变换矩阵的李代数表示是一个 3×3(4×4)的矩阵，并且矩阵的最后一排元素都是 0。假设 $\boldsymbol{X}$ 表示仿射变换矩阵 $\boldsymbol{T}$ 的李代数表示，那么

$$\boldsymbol{T} = \exp(\boldsymbol{X}) = \boldsymbol{I} + \sum_{k=1}^{\infty} \frac{1}{k!} \boldsymbol{X}^k \tag{2-3}$$

$$\boldsymbol{X} = \log(\boldsymbol{T}) = \sum_{k=1}^{\infty} \frac{(-1)^{k+1}}{k} (\boldsymbol{T} - \boldsymbol{I})^k \tag{2-4}$$

2.2.2 几何性质与约束

李代数表示的优点之一是仿射变换子群可以映射到一个线性子空间。在二维仿射群和三维仿射群内，特定的子群对应着特定的变换家族。例如，对于三维空间内绕 X 轴旋转的仿射变换矩阵为 $\boldsymbol{T}_{R_x(\theta)}$，其李代数表示为 $\boldsymbol{X}_{R_x(\theta)}$，那么

$$\boldsymbol{T}_{R_x(\theta)} = \begin{bmatrix} 1 & 0 & 0 & 0 \\ 0 & \cos\theta & -\sin\theta & 0 \\ 0 & \sin\theta & \cos\theta & 0 \\ 0 & 0 & 0 & 1 \end{bmatrix}, \quad \boldsymbol{X}_{R_x(\theta)} = \begin{bmatrix} 0 & 0 & 0 & 0 \\ 0 & 0 & -\theta & 0 \\ 0 & \theta & 0 & 0 \\ 0 & 0 & 0 & 0 \end{bmatrix} \tag{2-5}$$

从上面的表示中可以很容易地看出，绕 X 轴旋转的仿射变换矩阵，其李代数表示形式是一个一维的参数子空间。类似的，其他重要的仿射矩阵变换，如绕 Y 轴(Z 轴)的旋转、放缩、平移等，都对应李代数的一个子空间。这种性质使得一系列仿射矩阵变换的几何约束变得具有线性特征。比如，上节中提到的保持体积的约束，因为两个连续的体积保持变换后，结果仍然是体积保持的，所以所有的体积保持的变换构成了仿射群的一个子群。相应的，它们的李代数表示形成了一个子空间。这种约束可以简单地表达为如下的形式

$$\mathrm{tr}(\boldsymbol{X}) = 0 \Leftrightarrow X_{11} + X_{22} + X_{33} = 0 \tag{2-6}$$

从下面的讨论中，将得到，由于刚体变换矩阵是仿射变换矩阵的子群，因此在将刚体变换矩阵通过式（2-4）由刚体变换矩阵空间变至参数空间后，可以在参数空间进行加法运算；然后在参数空间进行线性插值；再对参数空间的矩阵运用式（2-3）转化到刚体变换矩阵空间，这种刚体变换矩阵的插值方法是可行的。

2.3 基于李代数表示的刚体变换矩阵插值算法

这一节研究基于李代数表示的刚体变换矩阵插值算法。一般的插值方法直接在物体的刚体变换矩阵空间进行线性插值，由于刚体变换矩阵构成的空间不是一个线性空间，其插值结果不能保持变换的刚体属性，不能直接采用。因此传统的对物体刚体变换矩阵的插值方式需要分别先求出物体起始和终止时的刚体变换矩阵，然后对其进行线性插

值，对于其中的刚体旋转变换，则进行欧拉角或四元数插值[185]，由于欧拉角插值存在着万向节死锁的问题，因此刚体旋转变换更多地采用四元数插值，这种插值方式可以得到平滑的物体刚体运动，但需要先求出物体的刚体平移变换矩阵和刚体旋转变换矩阵，然后分别对其进行插值。对此，本章中提出一种基于李代数表示的物体刚体变换矩阵插值算法，可以有效地得到物体光滑的运动轨迹。

至于刚体变换的插值过程，可以把它描述为一个具有时间连续性的过程。假设每隔一个很小的单位时间对物体进行一次刚体变换，那么每个时刻的物体刚体变换矩阵可以表示为时间的函数 $M(t)$，使得 $\bar{M}(0)=\bar{M}_0$， $\bar{M}(1)=\boldsymbol{T}\bar{M}_0=\exp(\boldsymbol{X})\bar{M}_0,\cdots,\bar{M}(t)=\boldsymbol{T}^t\bar{M}_0=\exp(t\boldsymbol{X})\bar{M}_0$。

2.3.1　算法总体过程

通过 2.2 节的讨论，可知将三维空间的刚体变换矩阵通过李代数表示，变换到参数空间后，其逆变换存在。根据这种性质，提出了一种基于李代数表示的刚体变换插值算法，算法描述如下：首先根据用户给定的信息确定物体的起始刚体变换矩阵 $\boldsymbol{M}_s$ 和终止刚体变换矩阵 $\boldsymbol{M}_t$，求出刚体变换矩阵 $\boldsymbol{T}$；然后根据式（2-4）把物体变换矩阵通过李代数表示，从刚体变换矩阵空间转换到参数空间。在该参数空间进行线性插值，从而既能保持变换的均匀性，又能够自动保持变换的刚体属性；再根据式（2-3）将参数空间的插值结果逆变换回刚体变换矩阵空间，实现对刚体变换矩阵的插值，并使得物体运动轨迹保持良好的自然属性。得到一系列的插值变换矩阵 $\boldsymbol{T}_1,\boldsymbol{T}_2,\cdots,\boldsymbol{T}_k$，最后，将插值变换矩阵应用于初始物体变换矩阵，进行插值，得到连续的物体变换矩阵。

2.3.2　计算物体刚体变换矩阵 $\boldsymbol{T}$

在进行刚体变换插值之前，首先要获得起始物体刚体变换矩阵 $\boldsymbol{M}_s$ 和终止物体刚体变换矩阵 $\boldsymbol{M}_t$。这两个矩阵在实际应用中可以通过用户指定，然后通过如下方式求得物体变换矩阵 $\boldsymbol{T}$，即

$$\boldsymbol{M}_t=\boldsymbol{T}\boldsymbol{M}_s \tag{2-7}$$

其中变换矩阵 $\boldsymbol{T}$ 包括旋转和平移两种变换的复合，因此这种变换是一种刚性变换。

2.3.3　计算 $\boldsymbol{T}$ 的李代数表示

由式（2-3），对变换矩阵 $\boldsymbol{T}$ 取对数，可以得到 $\boldsymbol{T}$ 的李代数表示 $\boldsymbol{X}$。在运算过程中，这种对应是有限制的，即变换矩阵中包含的旋转变换，其旋转角度不可以超过 180°。为了解决这个问题，首先对刚体变换矩阵 $\boldsymbol{T}$ 开方，得到物体变换矩阵的一些“中间”位置，使得这些中间位置之间的旋转变换角度为小于 180°，从而使得式（2-3）收敛。

2.3.4 李代数空间的线性插值

刚体变换矩阵 $\boldsymbol{T}$ 是平移和旋转变换的乘积复合，通过上一步骤的取对数运算，将平移和旋转的复合变为相加。因此，在参数空间对 $\boldsymbol{X}$ 进行线性插值时，相当于对平移和旋转的平移量和旋转角度分别进行插值，并进行了复合相加，这就是在参数空间进行插值的物理意义。下面给出平移、绕坐标轴旋转等基本刚体变换对应的李代数表示形式。

设三维空间的平移变换为 $\boldsymbol{T}_{T(x,y,z)}$，其相应的李代数表示为 $\boldsymbol{X}_{T(x,y,z)}$，那么

$$\boldsymbol{T}_{T(x,y,z)}=\begin{bmatrix}1&0&0&x\\0&1&0&y\\0&0&1&z\\0&0&0&1\end{bmatrix},\quad \boldsymbol{X}_{T(x,y,z)}=\begin{bmatrix}1&0&0&x\\0&1&0&y\\0&0&1&z\\0&0&0&0\end{bmatrix} \tag{2-8}$$

设三维坐标系 XYZ 中，绕 X 轴旋转 θ_x 角度的仿射变换为 $\boldsymbol{T}_{R_x(\theta)}$，其李代数表示为 $\boldsymbol{X}_{R_x(\theta)}$，那么

$$\boldsymbol{T}_{R_x(\theta)}=\begin{bmatrix}1&0&0&0\\0&\cos\theta&-\sin\theta&0\\0&\sin\theta&\cos\theta&0\\0&0&0&1\end{bmatrix},\quad \boldsymbol{X}_{R_x(\theta)}=\begin{bmatrix}0&0&0&0\\0&0&-\theta&0\\0&\theta&0&0\\0&0&0&0\end{bmatrix} \tag{2-9}$$

三维坐标系 XYZ 中，绕 Y 轴旋转 θ_y 角度的仿射变换为 $\boldsymbol{T}_{R_y(\theta)}$，其李代数表示为 $\boldsymbol{X}_{R_y(\theta)}$，那么

$$\boldsymbol{T}_{R_y(\theta)}=\begin{bmatrix}\cos\theta&0&\sin\theta&0\\0&1&0&0\\-\sin\theta&0&\cos\theta&0\\0&0&0&1\end{bmatrix},\quad \boldsymbol{X}_{R_y(\theta)}=\begin{bmatrix}0&0&\theta&0\\0&0&0&0\\-\theta&0&0&0\\0&0&0&0\end{bmatrix} \tag{2-10}$$

设三维坐标系 XYZ 中，绕 Z 轴旋转 θ_z 角度的仿射变换为 $\boldsymbol{T}_{R_z(\theta)}$，其李代数表示为 $\boldsymbol{X}_{R_z(\theta)}$，那么

$$\boldsymbol{T}_{R_z(\theta)}=\begin{bmatrix}\cos\theta&-\sin\theta&0&0\\\sin\theta&\cos\theta&0&0\\0&0&1&0\\0&0&0&1\end{bmatrix},\quad \boldsymbol{X}_{R_z(\theta)}=\begin{bmatrix}0&-\theta&0&0\\\theta&0&0&0\\0&0&0&0\\0&0&0&0\end{bmatrix} \tag{2-11}$$

2.3.5 计算插值后的物体刚体变换矩阵

最后根据式（2-3）将参数空间的插值结果逆变换回刚体变换矩阵空间，实现对刚体变换矩阵的插值。与直接对刚体变换矩阵进行线性插值不同，使用李代数参数化插值时，每个插值得到的变换矩阵仍然是刚性变换矩阵，也就是说，插值序列的元素仍然在

初始和终止矩阵的子群内。另外采用基于李代数表示的物体刚体变换矩阵插值算法，得到的物体运动轨迹是一条螺旋线，每两个物体插值之间的距离相等并且在流形上是最优的轨迹[175,180]。

2.4 实验结果

本章实验的算法运行在 Intel i5-3470 CPU 3.2GHz、8GB RAM 和 Windows 8 的操作系统计算机上。首先对比物体刚体变换的线性插值、基于四元数插值以及基于李代数的插值结果。在处理矩阵运算时，使用 Matlab 对物体进行了模拟：将每一个物体看成一个正方体，选取正方体的一个面为底片；正方体的中心为物体位置，正方体从该面中心到与该面相对的面的中心连线为物体的朝向。其实验结果如图 2-1 所示。

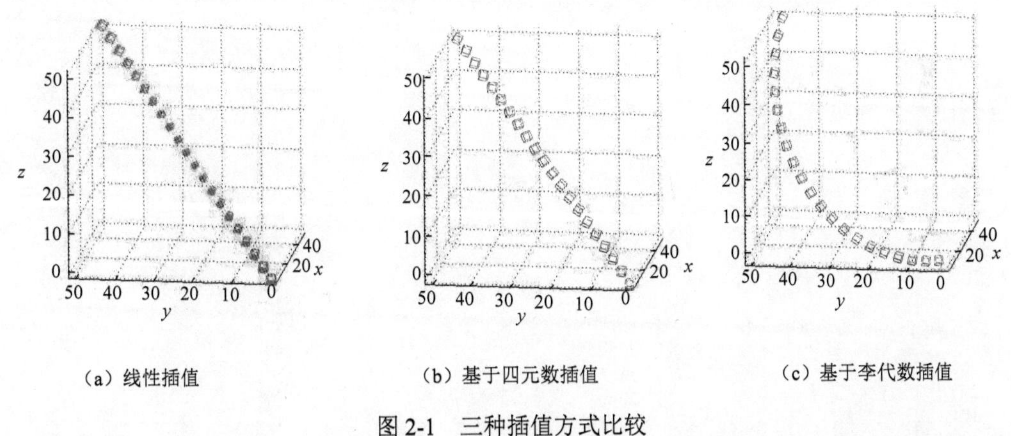

（a）线性插值　（b）基于四元数插值　（c）基于李代数插值

图 2-1　三种插值方式比较

由图 2-1 可以看出，基于李代数表示的插值结果［图 2-1（c）］相比其他两种结果的物体运动轨迹都更加光滑。对于一般的线性插值，直接在刚体变换矩阵空间进行线性插值，采用的公式为：$\bar{M}(t)=\bar{M}_0+t(\boldsymbol{T}-\boldsymbol{I})\bar{M}_0$，结果如图 2-1（a）所示，从图中可以看出物体在靠近中间的位置上，物体的大小发生了变化，这是由于直接对刚体变换矩阵进行线性插值并不能保证变换的刚体属性，因此实际中这种方式不能直接用于物体的插值。对于传统的基于四元数插值的物体参数，先求出物体的位置以及朝向，然后对位置进行线性插值，对朝向进行四元数插值，结果如图 2-1（b）所示。

其次给出物体在不同李代数情形下的插值结果图，这里选取其中比较有代表性的 9 种在 Matlab 下进行的插值模拟，其他插值结果跟这 9 种结果类似，实验结果如图 2-2 所示。这 9 中结果分别为：（a）物体位置朝 x 轴方向平移 50 单位；（b）物体姿态绕 x 轴旋转 90°，同时位置朝 x 轴方向平移 50 单位；（c）物体姿态绕 x 轴旋转 90°，同时位置朝 y 轴方向平移 50 单位；（d）物体姿态绕 z 轴旋转 90°；（e）物体位置朝 xz 轴方向各平移 50 单位；（f）物体位置朝 xyz 轴方向各平移 50 单位；（g）物体姿态绕 z 轴旋转 90°，同时位置朝 *yz* 轴方向平移 50 单位；（h）物体姿态绕 *z* 轴旋转 90°，同时位置朝 *xy* 轴方向平移 50 单位；（i）物体姿态绕 *z* 轴旋转 180°，同时位置朝 *xyz* 轴方向平移 50 单位。

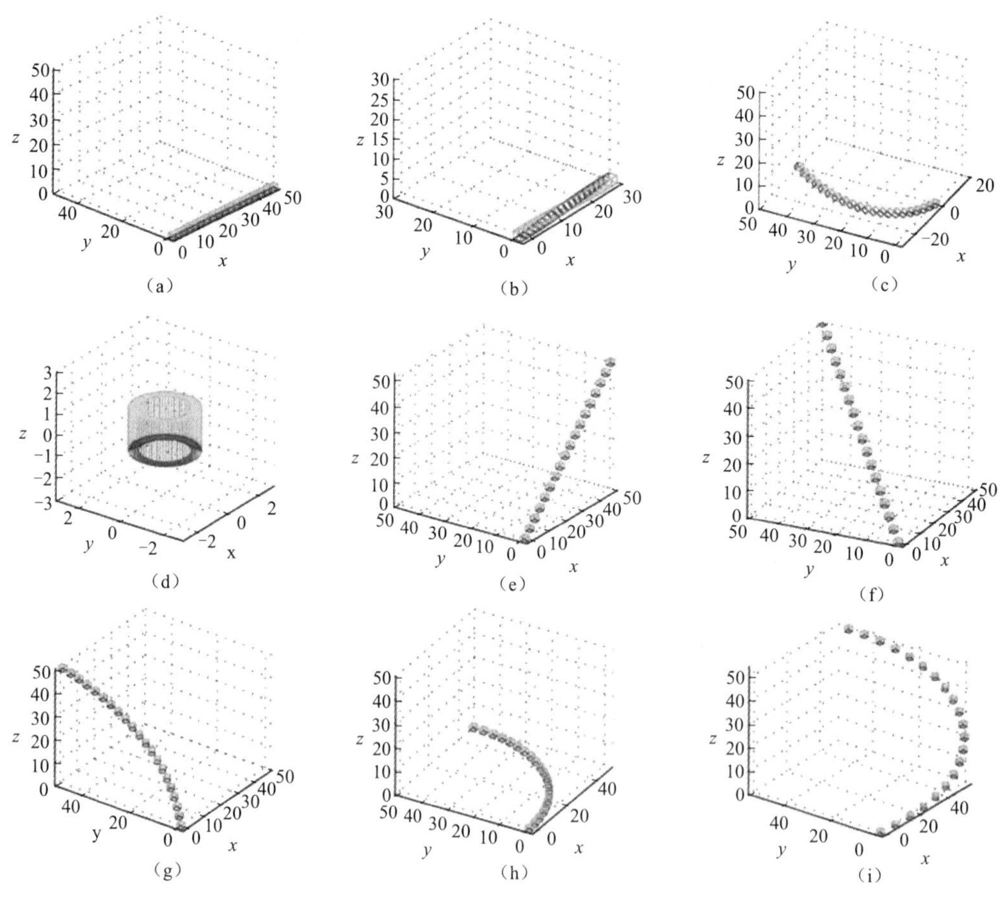

图 2-2　不同情况下的李代数插值结果

2.5　本 章 小 结

本章首先描述了物体运动的变换矩阵，包括仿射变换矩阵和刚体变换矩阵，然后描述了仿射变换矩阵的李代数描述，接着又对物体的刚体变换矩阵进行插值，使其可以产生光滑的运动轨迹。通过把物体的变换矩阵通过李代数表示从刚体变换矩阵空间（流形空间）转换到参数空间（线性空间），在该参数空间进行线性插值，既能保持变换的均匀性，又能够自动保持变换的刚体属性；将参数空间的插值结果逆变换回刚体变换矩阵空间，实现对物体变换矩阵的插值变换，并使得物体运动轨迹保持良好的自然属性。

另外在插值过程中，本章的算法只考虑了给定两个物体变换矩阵情况下的双视点插值，并没有考虑多个物体变换矩阵时的插值情况。由于多个物体插值时，存在着轨迹不光滑现象（图 2-3），因此确定多个物体（大于等于 3）的插值算法，使其符合物体正常的运动轨迹，是我们今后将要进行的工作。

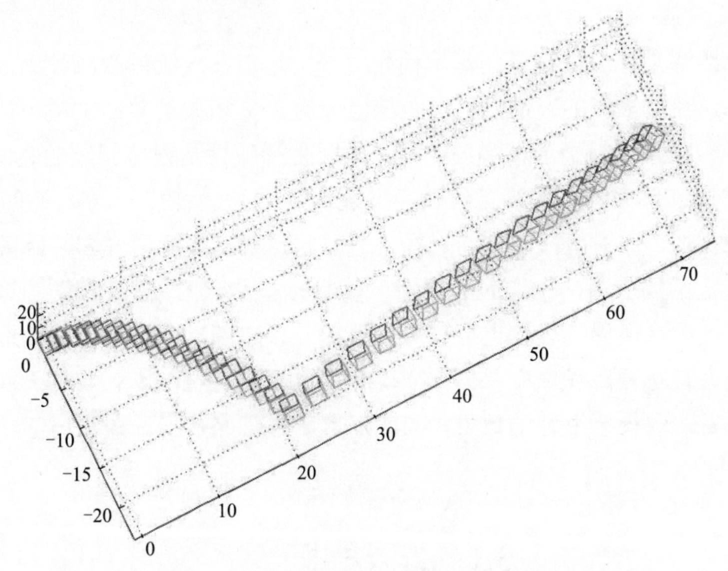

图 2-3　3 个物体时基于李代数表示的插值结果

第 3 章　基于稀疏和局部线性编码的目标二维跟踪

二维目标跟踪是计算机视觉的基本问题之一，是指在连续的视频帧画面中，找出需要跟踪的目标。经过多年的发展，目标跟踪已经有很多相关的算法被提出。近年来，稀疏表达在目标跟踪领域得到了很多关注，这是因为稀疏性是很多问题的关键问题之一，比如研究人员通过研究人脑的视觉结构，发现人脑的初级视皮层（V1）的工作机理[62]与稀疏表达很类似，即对线段的方向选择性。因此越来越多的研究者开始关注于稀疏表达在计算机视觉中的应用，比如人脸识别[65]、目标检测[186]、图像修复[67]等。在目标跟踪领域，研究人员发现稀疏表达也可以有效地提升跟踪的准确率，随后大量相关的稀疏表示研究出现在目标跟踪领域[37,47-49,69,187]，比如 Mei 等[37]在 ICCV2009 上首次把稀疏表示用到目标跟踪，取得了很好的效果。因此，本章将研究基于稀疏和局部线性编码的二维目标跟踪。

3.1　方 法 概 述

尽管稀疏表示在目标跟踪领域取得了一定的进展，但所有相关的稀疏模型都只是侧重在目标的外观表示上，即如何有效地表示跟踪目标，使其在发生形变、遮挡等情况下还能很好地跟踪，而很少关注跟踪里面另一个重要的问题，即如何快速有效地从下一帧中找到要跟踪的目标。针对这个问题，现有的方法基本上可以分为三类：一类是通过优化迭代的方式[40,56]，一类是通过随机采样的策略[4,37,42]，最后一类是通过滑动窗口的策略[5,38,39]来寻找目标。其中优化迭代的效率最高，但容易陷入局部最优；随机采样是通过在下一帧当前帧目标所在的位置上随机采样一些目标候选框，然后再从中找到与目标最像的候选框来做下一帧要跟踪的目标；滑动窗口策略通过目标在下一帧当前帧目标所在位置附近进行逐像素、滑动式的采样得到目标候选框，然后再从中选择目标所在的位置。毫无疑问，相比于迭代优化的策略，随机采样和滑动窗口策略可以有效地避免局部解，但相应的问题也随之而来，其计算量要明显高于迭代优化的求解。相比而言，随机采样的策略相比滑动窗口，可以减少一定的计算量，但求解精度在有些时候要低于滑动窗口。因此如果能找到一种有效的求解策略，既不容易找到局部最优解，又可以快速地得到目标所在位置，将对跟踪领域产生深远的影响。基于此，通过研究发现，不同于以往只是在目标的外观表示上进行稀疏表示，而是把整个跟踪问题看成一个稀疏的、局部的线性编码问题可以有效地解决以上问题。其跟踪模型如图 3-1 所示。

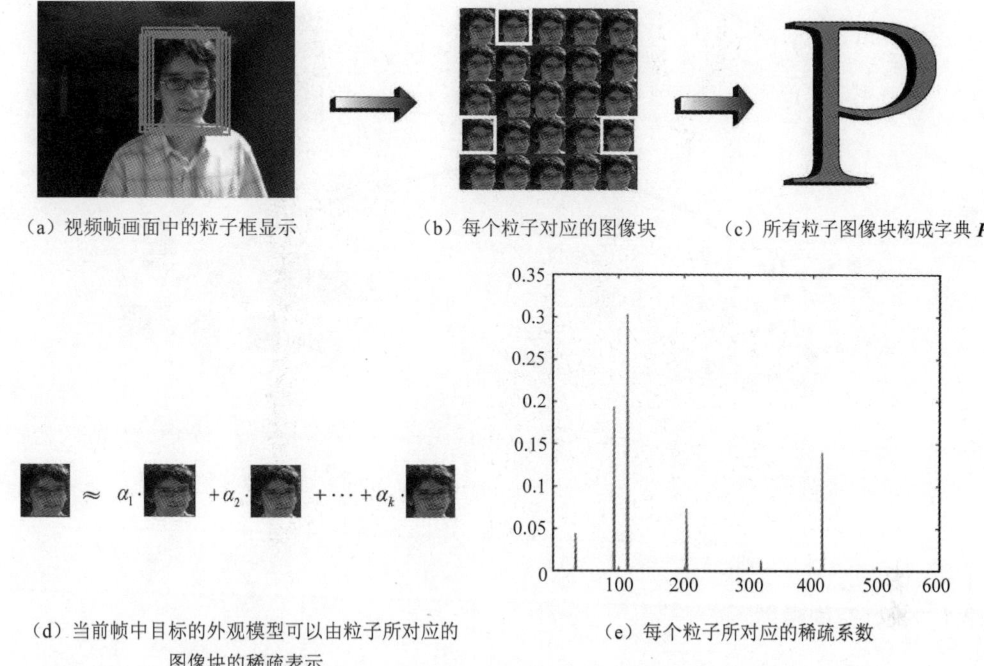

（a）视频帧画面中的粒子框显示　（b）每个粒子对应的图像块　（c）所有粒子图像块构成字典 $\boldsymbol{P}$

（d）当前帧中目标的外观模型可以由粒子所对应的图像块的稀疏表示　（e）每个粒子所对应的稀疏系数

图 3-1　基于线性编码的目标跟踪

通过改进传统的粒子滤波模型[37]，使其具有能量函数的形式，然后在此基础上，引入一些不同的约束条件，从而可以通过迭代优化的方式求解。比起传统的粒子滤波模型，可以得到另一种不同的跟踪框架模型，该模型不仅比传统的粒子滤波具有更高的精度，同时还能有效地提高速度。下面先介绍能量函数下的粒子滤波模型，然后再引出基于稀疏和局部线性编码的跟踪模型。

3.2　能量函数下的粒子滤波模型

目标跟踪可以看成贝叶斯推断问题，包括隐含变量和观测变量。在目标跟踪中，隐含变量主要描述物体的状态空间，比如可以用仿射变换[4,37,47]来描述物体状态，而观测变量主要用来描述物体的外观空间。状态空间和外观空间之间存在相应的映射关系，如图 3-2 所示。其中，射线代表从状态空间映射到外观空间，而最粗的射线是所有映射中最优的。（a）为所有状态构成状态空间 $\boldsymbol{\Theta}$，（b）为物体图像块所构成的外观空间。

在跟踪过程中，通常情况下，粒子滤波主要通过对状态空间进行随机采样，每个粒子映射到一个外观空间中，然后目标的定位通过每个粒子的外观模型与目标的模板之间的相似度进行度量，最终与模板距离最小的那个粒子作为跟踪目标。以上提到的目标跟踪模型主要基于状态空间模型和外观空间模型两个模型。

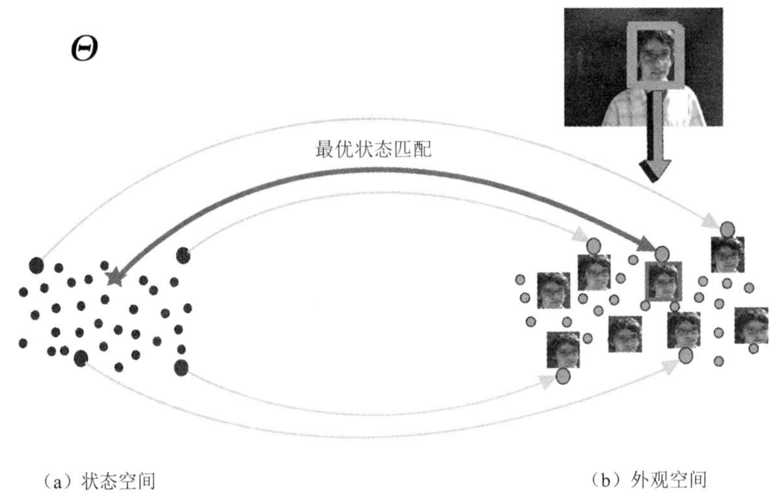

（a）状态空间　　（b）外观空间

图 3-2　状态空间和外观空间之间的对应关系

3.2.1　状态空间模型

到目前为止，有很多不同的状态空间描述方法被用来表示目标的状态，而仿射变换是其中最常用的一种表示方法，因此本章采用仿射变换来描述物体的运动状态。物体的仿射变换可以由 6 个参数表示，可以表示为$\boldsymbol{\Theta}_t=(x_t,y_t,\eta_t,s_t,\beta_t,\theta_t)$，其中，$x_t$和$y_t$表示平移变换参数；$\eta_t$表示旋转变换参数；$s_t$表示尺度变换参数；$\beta_t$表示宽高比率参数；$\theta_t$表示错切变换参数。仿射变换矩阵和仿射变换参数之间的变换关系，参考第 2 章 2.1 节内容。在目标跟踪中，通常高斯函数被用来对仿射变换的 6 个参数进行描述，并假设 6 个参数之间是相互独立的，其公式可以这样描述：$p(\boldsymbol{\Theta}_t\,|\,\boldsymbol{\Theta}_{t-1})=N(\boldsymbol{\Theta}_t;\boldsymbol{\Theta}_{t-1},\boldsymbol{\Lambda})$，其中，$\boldsymbol{\Lambda}$是 6 个参数之间的协方差矩阵，由于 6 个参数是相互独立的，因此$\boldsymbol{\Lambda}$是个对角阵。在目标跟踪过程中，粒子通过该高斯函数在当前帧上一时刻目标所在位置处进行随机采样，每个粒子对应着一个图像块，最终目标的定位通过度量所有粒子所对应的图像块与模板之间的相似性来确定，通常可以选择跟模板最相似的那个粒子作为最终的目标。

3.2.2　外观空间模型

在目标跟踪过程中，每个粒子的权重是通过粒子的外观与模板之间的相似性进行度量的。在传统的最大后验概率（maximum a posteriori，MAP）估计中，权重最大的那个粒子作为最终的目标。由于传统粒子滤波通过概率的方式给出 MAP 的模型，不利于看出跟踪的本质。因此这里从另一个角度来描述跟踪过程。在此，引进能量函数的形式来对目标跟踪进行建模，具体参见如下：

$$
\begin{aligned}
&\{\hat{\boldsymbol{\alpha}}, \hat{\boldsymbol{x}}_t\} = \underset{\boldsymbol{\alpha}, \boldsymbol{x}_t}{\arg\min} \|\boldsymbol{x}_t - \boldsymbol{P}\boldsymbol{\alpha}\|_2^2 + D(\boldsymbol{x}_t, \boldsymbol{T}) \\
&\text{s.t. } \boldsymbol{x}_t \in \{\boldsymbol{p}_1, \boldsymbol{p}_2, \cdots, \boldsymbol{p}_n\},\ \mathrm{Card}(\boldsymbol{\alpha})=1 \\
&\qquad \forall i, \alpha_i \geqslant 0, \sum_i \alpha_i = 1
\end{aligned}
\tag{3-1}
$$

其中，$\boldsymbol{\alpha}$ 是一个非负的变量，表示 $\boldsymbol{P}$ 之间的线性关系；$\mathrm{Card}(\boldsymbol{\alpha})=1$ 是约束 $\boldsymbol{\alpha}$ 当且仅当只有一个元素为非 0；$\boldsymbol{x}_t$ 是当前帧目标的外观模型；$\{\boldsymbol{p}_1, \boldsymbol{p}_2, \cdots, \boldsymbol{p}_n\}$ 表示所有粒子所对应的外观模型；$\boldsymbol{T}$ 是目标模板集合，表示一个或者多个目标模板；$D(\cdot,\cdot)$ 是个度量函数，用来度量目标外观模型和模板之间的距离，比如欧式距离是最常用的一种度量方式。以上公式的几何解释可以通过图 3-3（a）来表示。

在式（3-1）中，能量损失函数分为两部分。其中第一部分为粒子项，描述了当前帧跟踪目标与粒子之间的距离；第二部分为模板项，描述了当前帧跟踪目标与模板之间的距离。由于有 $\mathrm{Card}(\boldsymbol{\alpha})=1$，以及 $\boldsymbol{x}_t \in \{\boldsymbol{p}_1, \boldsymbol{p}_2, \cdots, \boldsymbol{p}_n\}$ 的约束条件存在，式（3-1）中的第一项必定为 0，同时根据第二项模板项可知，与模板之间最相似的那个粒子将被选为当前帧目标 $\boldsymbol{x}_t$。式（3-1）中隐含着这么一个思想，当前帧跟踪目标 $\boldsymbol{x}_t$ 既可以表示为 $\boldsymbol{P\alpha}$，又可以近似表示为模板 $\boldsymbol{T}$ 的函数。而模板函数 $D(\boldsymbol{x}_t, \boldsymbol{T})$ 可以由很多不同的表示模型表示，比如子空间模型[4]和稀疏表示模型[37,47]等。从这个观点来看，粒子滤波需要目标不仅表示成某个粒子，而且需要由模板表示。

式（3-1）等价于传统的基于 MAP 的粒子滤波模型，然而，它却隐含了另一个重要的思想在里面，即跟踪目标可以由其周围的粒子进行线性表示，如图 3-1 所示。随后可以看到，这个性质在目标跟踪中是非常重要的，因为它隐含了一种新的状态空间搜索算法，该算法比起传统的粒子滤波更有效，同时精度也更高。

3.2.3　模板的稀疏表示模型

正如上面所提到的，式（3-1）中的模板项 $D(x_t, T)$ 是外观表示模型，可以由很多不同的模型进行表示，比如子空间表示[4]、稀疏表达[37,47]等。近年来，稀疏表达在目标跟踪领域得到大力发展，特别是其在遮挡及光照变化等环境中可以有效地表示目标[37]。因此，本章中首先引进稀疏表达来表示式（3-1）中的 $D(x_t, T)$，然后，采用另外两种不同的外观表示模型——最小软阈值平方（least soft-threshold squares）[187]和自适应结构的局部稀疏表示（adaptive structural local sparse appearance）[49]来进一步验证本章提出算法的有效性。

假设 $\boldsymbol{T} = [t_1, t_2, \cdots, t_n] \in \mathbf{R}^{d\times n} (d \gg n)$ 和 $\boldsymbol{I} = [i_1, i_2, \cdots, i_n] \in \mathbf{R}^{d\times d}$ 分别代表目标模板和琐碎模板(trivial templates)，那么跟踪中所用的模板集可以表示为

$$
\boldsymbol{B} = [\boldsymbol{T}, \boldsymbol{I}, -\boldsymbol{I}] \in \mathbf{R}^{d\times(n+2d)} \tag{3-2}
$$

因此，模板项 $D(\boldsymbol{x}_t, \boldsymbol{T})$ 可以表示为

$$D(\boldsymbol{x}_t,\boldsymbol{T})=\|\boldsymbol{x}_t-\boldsymbol{Bc}\|_2^2+\lambda\|\boldsymbol{c}\|_1,\ \text{s.t.}\ \boldsymbol{c}\geqslant 0 \tag{3-3}$$

其中，$\boldsymbol{B}$ 是由目标模板和琐碎模板构成的字典基。由于有 l_1 模的约束，系数 $\boldsymbol{c}$ 满足非负和稀疏的约束，$\boldsymbol{c}^{\mathrm{T}}=[\beta,e^+,e^-]\in\mathbf{R}_+^{n+2d}$ 表示目标在当前帧上可以由一组基的稀疏线性表示。把式（3-3）代入式（3-1）中的模板项 $D(\boldsymbol{x}_t,\boldsymbol{T})$，可以得到

$$\begin{aligned}&\{\hat{\boldsymbol{\alpha}},\hat{\boldsymbol{x}}_t\}=\underset{\boldsymbol{\alpha},\boldsymbol{x}_t}{\operatorname{argmin}}\|\boldsymbol{x}_t-\boldsymbol{P\alpha}\|_2^2+\|\boldsymbol{x}_t-\boldsymbol{Bc}\|_2^2+\lambda\|\boldsymbol{c}\|_1\\&\text{s.t.}\ \boldsymbol{x}_t\in\{\boldsymbol{p}_1,\boldsymbol{p}_2,\cdots,\boldsymbol{p}_n\},\ \operatorname{Card}(\boldsymbol{\alpha})=1\\&\forall i,\ \alpha_i\geqslant 0,\ \sum_i\alpha_i=1,\ \boldsymbol{c}\geqslant 0\end{aligned} \tag{3-4}$$

式（3-4）的几何解释可以由图 3-3（b）解释，其中 T 在图 3-3（a）中由 $\boldsymbol{Bc}$ 进行表示。为了得到式（3-4）中的目标 $\hat{\boldsymbol{x}}_t$，必须计算每个粒子 $\boldsymbol{p}_i$ 与模板空间 $\boldsymbol{Bc}$ 之间的距离，如图 3-3（b）所示。毫无疑问，式（3-3）的计算量是非常巨大的，因为每计算一次粒子与 $\boldsymbol{Bc}$ 空间之间的距离都需要计算一次 l_1 优化求解过程，而 l_1 优化求解过程是非常耗时的[37]。

另外，在式（3-4）中，目标 $\hat{\boldsymbol{x}}_t$ 仍然是由粒子 $\boldsymbol{p}_1,\boldsymbol{p}_2,\cdots,\boldsymbol{p}_n$ 离散化的表示。随后可以看到，这种离散化表示可以松弛到连续化的表示，即目标 $\hat{\boldsymbol{x}}_t$ 可以由其周围的粒子稀疏线性表示，而不是单一粒子表示，从而可以有效地通过迭代的方式在两个凸空间 $\boldsymbol{P\alpha}$ 和 $\boldsymbol{Bc}$ 之间进行，而不需要对每个粒子都进行一次 l_1 优化求解。

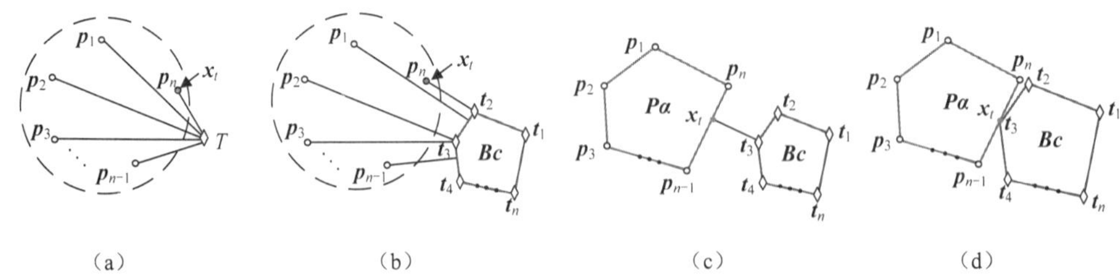

图 3-3　从粒子滤波到线性编码的跟踪模型

图 3-3 中，(a) 为粒子滤波模型，其中每个粒子 $\boldsymbol{p}_i$ 需要计算其到模板 $\boldsymbol{T}$ 之间的距离。(b) 为粒子滤波模型，其中每个粒子 $\boldsymbol{p}_i$ 需要计算其到模板构成的连续空间 $\boldsymbol{Bc}$ 之间的距离（l_1 约束下）。(c) 为稀疏编码模型，表示粒子所构成的连续空间 $\boldsymbol{P\alpha}$ 到模板所构成的连续空间 $\boldsymbol{Bc}$ 之间的距离（l_1 约束下）。(d) 为稀疏编码模型，表示粒子所构成的连续空间 $\boldsymbol{P\alpha}$ 与模板所构成的连续空间 $\boldsymbol{Bc}$ 相交。

3.3　基于稀疏和局部线性编码的跟踪模型

本节介绍基于稀疏和局部线性编码的跟踪模型，相比于粒子滤波模型，其可以有效地提高精度和速度。直观上来说，在连续空间中表示的目标要比在离散空间中表示的目

标更加准确。在式（3-4）中，根据约束条件 $\mathrm{Card}(\boldsymbol{\alpha})=1$ 可知目标 $\hat{\boldsymbol{x}}_t$ 属于其中的一个粒子 $\boldsymbol{p}_i$。然而，这种约束条件是过分严格的，因此可以对约束条件进行松弛，使得目标 $\hat{\boldsymbol{x}}_t$ 是由 $\boldsymbol{P}$ 的线性组合表示，而不是由单一粒子表示。虽然从形式上来看，这仅仅只是改进了一点，然而这将产生一种新的跟踪求解算法。具体地，将提出两种不同的跟踪模型：基于稀疏编码的模型（convex sparse coding）和基于局部线性编码的模型（locality-constrained linear coding）。

3.3.1　基于稀疏编码的跟踪模型

式（3-4）等价于原始的 l_1 跟踪[37]，是基于粒子滤波下的 l_1 表示模型，通过对其进行改进，使其变成另外一种不同的跟踪模型，具体为，把式（3-4）中的 $\mathrm{Card}(\boldsymbol{\alpha})$ 替换成 $\boldsymbol{\alpha}$ 的 l_1 约束，也就是 $\boldsymbol{\alpha}$ 中包含不止一个非 0 的元素，式（3-4）可以变换成如下：

$$\begin{aligned}&\{\hat{\boldsymbol{\alpha}},\hat{\boldsymbol{c}},\hat{\boldsymbol{x}}_t\}=\underset{\boldsymbol{\alpha},\boldsymbol{c},\boldsymbol{x}_t}{\operatorname{argmin}}\|\boldsymbol{x}_t-\boldsymbol{P}\boldsymbol{\alpha}\|_2^2+\|\boldsymbol{x}_t-\boldsymbol{B}\boldsymbol{c}\|_2^2+\mu\|\boldsymbol{\alpha}\|_1+\lambda\|\boldsymbol{c}\|_1\\&\text{s.t.}\quad\forall i,\ \alpha_i\geqslant 0,\ \sum_i\alpha_i=1,\ \boldsymbol{c}\geqslant 0\end{aligned}\tag{3-5}$$

其中，$\|\bullet\|_1$ 表示 l_1 模可以保证 $\boldsymbol{\alpha}$、$\boldsymbol{c}$ 的稀疏性。从式（3-5）可以看出目标在当前帧中既要由它周围粒子的稀疏线性表示，又需要目标模板的稀疏线性表示。通过松弛 $\boldsymbol{\alpha}$，目标的状态空间将从离散变成连续的，因此，如何有效地求解式（3-5）是个关键的问题。

在式（3-5）中，第一项和第二项可以认为是三角形的两条边，而三角形的第三条边可以表示为 $\|\boldsymbol{P}\boldsymbol{\alpha}-\boldsymbol{B}\boldsymbol{c}\|_2^2$。因此，式（3-5）达到最小化时为当 $\|\boldsymbol{x}_t-\boldsymbol{P}\boldsymbol{\alpha}\|_2^2+\|\boldsymbol{x}_t-\boldsymbol{B}\boldsymbol{c}\|_2^2=\|\boldsymbol{P}\boldsymbol{\alpha}-\boldsymbol{B}\boldsymbol{c}\|_2^2$，所以式（3-5）可以进一步表示为

$$\begin{aligned}&\{\hat{\boldsymbol{\alpha}},\hat{\boldsymbol{c}}\}=\underset{\boldsymbol{\alpha},\boldsymbol{c}}{\operatorname{argmin}}\|\boldsymbol{P}\boldsymbol{\alpha}-\boldsymbol{B}\boldsymbol{c}\|_2^2+\mu\|\boldsymbol{\alpha}\|_1+\lambda\|\boldsymbol{c}\|_1\\&\text{s.t.}\quad\forall i,\ \alpha_i\geqslant 0,\ \sum_i\alpha_i=1,\ \boldsymbol{c}\geqslant 0\end{aligned}\tag{3-6}$$

式（3-6）可以认为是在两个凸包 $\boldsymbol{P}\boldsymbol{\alpha}$ 和 $\boldsymbol{B}\boldsymbol{c}$ 之间的最小欧式距离（证明如下），其几何解释如图 3-3（c）、（d）所示。

凸包定义：对给定的 $r(r>1)$ 个 n 维的向量 $\boldsymbol{u}_1,\boldsymbol{u}_2,\cdots,\boldsymbol{u}_r$，如果存在着任意非负的数 $\lambda_1,\lambda_2,\cdots,\lambda_r$ 以及 $\lambda_1+\lambda_2+\cdots+\lambda_r=1$，那么集合 $\sum_{i=1}^{r}\lambda_i\boldsymbol{u}_i$ 是凸包。

命题：$\boldsymbol{P}\boldsymbol{\alpha}$ 和 $\boldsymbol{B}\boldsymbol{c}$ 是凸包，并且式（3-6）的最小化为这两个凸包之间的欧式距离。

证明：式（3-6）等价于

$$\begin{aligned}&\min\{\|\boldsymbol{P}\boldsymbol{\alpha}-\boldsymbol{B}\boldsymbol{c}\|_2^2+\lambda_1\sum_i|\alpha_i|+\lambda_2\sum_i|c_i|\}\\&=\min_{\mu\geqslant 0}\{\min\{\|\boldsymbol{P}\boldsymbol{\alpha}-\boldsymbol{B}\boldsymbol{c}\|_2^2\}+\lambda_1+\lambda_2\mu\}\\&\text{s.t.}\quad\forall i,\ \alpha_i\geqslant 0,\ \sum_i\alpha_i=1,\ c_i\geqslant 0,\ \sum_i c_i=\mu\end{aligned}\tag{3-7}$$

对于空间 $\boldsymbol{P\alpha}$，因为有 $\alpha_i \geqslant 0, \sum_i \alpha_i = 1$，因此，根据定义可知，空间 $\boldsymbol{P\alpha}$ 是个凸包。

对于空间 $\boldsymbol{Bc}$，对给定的任意非负数 μ，c 的系数满足 $c_i \geqslant 0, \sum_i c_i = \mu$，因此存在着 $(n+2d)$ 个 d 维的向量 $\mu\boldsymbol{b}_1, \mu\boldsymbol{b}_2, \cdots, \mu\boldsymbol{b}_{n+2d}$，以及 $(n+2d)$ 个非负的数 $\frac{c_1}{\mu}, \frac{c_2}{\mu}, \cdots, \frac{c_{n+2d}}{\mu}$，其中 $\frac{c_1}{\mu} + \frac{c_2}{\mu} + \cdots + \frac{c_{n+2d}}{\mu} = 1$，因此空间 $\boldsymbol{Bc}$ 也是一个凸包。

在式（3-7）中，对给定的 μ，其最小化时依赖于 $\min\{\| \boldsymbol{P\alpha} - \boldsymbol{Bc} \|_2^2\}$，而 $\min\{\| \boldsymbol{P\alpha} - \boldsymbol{Bc} \|_2^2\}$ 可能为0，例如，空间 $\boldsymbol{P\alpha}$ 和 $\boldsymbol{Bc}$ 相交。当然也可能就是 $\min\{\| \boldsymbol{P\alpha} - \boldsymbol{Bc} \|_2^2\}$ 本身，也就是凸包 $\boldsymbol{P\alpha}$ 和 $\boldsymbol{Bc}$ 之间的欧式距离，得证。

从图 3-3 可以观察到传统粒子滤波的策略是计算所有采样的粒子（空间 $\boldsymbol{P\alpha}$ 的顶点）到连续空间 $\boldsymbol{Bc}$ 的距离。而本章的方法，由于粒子构成了一个连续的凸空间 $\boldsymbol{P\alpha}$，而目标存在于这个空间中，因此，其解可以有效地通过迭代的方式在两个凸空间 $\boldsymbol{P\alpha}$ 和 $\boldsymbol{Bc}$ 之间进行，直到达到两个空间之间的距离最小，如图 3-3（c）所示。特别说明的是，理论上，空间 $\boldsymbol{P\alpha}$ 和 $\boldsymbol{Bc}$ 可能相交，如图 3-3（d）所示，此时，$\boldsymbol{P\alpha}$=$\boldsymbol{Bc}$。

虽然从形式上看从式（3-4）到式（3-6）可能只是改进了一点，但对跟踪问题本身来说却意义非凡，因为它导致了一种不同的跟踪搜索策略。事实上，粒子滤波里面的 MSE 估计也是用所有粒子的线性组合来表示目标，但 MSE 还是在原先的粒子滤波框架下求解，因此对时间复杂性较传统的粒子滤波来说，没有一点变化。

式（3-6）可以通过迭代的方式有效地求解出 $\boldsymbol{\alpha}$ 和 $\boldsymbol{c}$。在初始化时，可以让 $\boldsymbol{P\alpha}$=$\boldsymbol{x}_{t-1}^*$，其中 $\boldsymbol{x}_{t-1}^*$ 为上一帧跟踪到的目标。然后通过 l_1 最小化问题得到系数 $\boldsymbol{c}$：

$$\hat{\boldsymbol{c}} = \underset{c}{\operatorname{argmin}} \| \boldsymbol{x}_{t-1}^* - \boldsymbol{Bc} \|_2^2 + \lambda \| \boldsymbol{c} \|_1 \tag{3-8}$$

有很多不同的求解方法都可以求解这个方程，比如经典的 Lasso 算法[186]。给定 $\hat{\boldsymbol{c}}$，可以固定 $\hat{\boldsymbol{y}}$=$\boldsymbol{B}\hat{\boldsymbol{c}}$ 求解式（3-6）中的 $\boldsymbol{\alpha}$

$$\hat{\boldsymbol{\alpha}} = \underset{\alpha}{\operatorname{argmin}} \| \hat{\boldsymbol{y}} - \boldsymbol{P\alpha} \|_2^2 + \mu \| \boldsymbol{\alpha} \|_1 \tag{3-9}$$

以上两个过程可以通过迭代的方式更新 $\boldsymbol{\alpha}$ 和 $\boldsymbol{c}$，直到满足要求条件为止。在本章的实验中，这个过程只需要几次迭代就可以完成（一般 3～5 次）。因此，本章算法的时间复杂性远远低于传统的粒子滤波算法。

求解出的系数 $\hat{\boldsymbol{\alpha}}$ 事实上度量了每个粒子和目标 $\boldsymbol{x}_t$ 之间的相关度，权重越大代表粒子跟目标越像，最终目标的定位可以通过在状态空间中，$\hat{\boldsymbol{\alpha}}$ 作为权重与粒子的仿射变换参数进行线性组合，从而得到最终的目标状态，然后把该状态映射到图像上，就可以得到当前帧图像上的目标外观模型 $\boldsymbol{x}_t^*$。

3.3.2 基于局部线性编码的跟踪模型

事实上，以上基于稀疏编码的跟踪模型在很多情况下都可以工作得很好，但是稀疏编码求解出来的解并不能保证最终选择出来的粒子具有局部性的特点[189,190]。如图 3-4（a）所示，$\boldsymbol{p}_3$ 和 $\boldsymbol{p}_n$ 可能被选择出来表示当前帧的目标 $\boldsymbol{x}_t$，但是直觉上来说，$\boldsymbol{p}_{n-1}$ 和 $\boldsymbol{p}_n$（图 3-4（b））更加适合用来表示当前帧的目标 $\boldsymbol{x}_t$，因为这两个被选择的粒子更接近目标模板的空间 $\boldsymbol{Bc}$。最近，余凯等[190]提出了局部坐标编码的思想，它是稀疏编码的特殊情况，并且在理论上证明，在一定的条件下，局部性比稀疏性更加重要。另外，他们还提出了一种新的局部线性编码算法[189]，可以认为是局部坐标编码的快速实现。因此可以采用局部线性编码算法来做跟踪，它不仅使得找到的粒子需要稀疏性的特点，同时也需要找到的粒子必须跟目标模板之间比较像，也就是局部性的特点，如图 3-4（b）所示。用局部线性编码的思想来松弛式（3-4）中的 $\boldsymbol{\alpha}$，可以得到如下公式：

$$
\begin{aligned}
&\{\hat{\boldsymbol{\alpha}},\hat{\boldsymbol{c}},\hat{\boldsymbol{x}}_t\}=\underset{\boldsymbol{\alpha},\boldsymbol{c},\boldsymbol{x}_t}{\operatorname{argmin}}\|\boldsymbol{x}_t-\boldsymbol{P\alpha}\|_2^2+\|\boldsymbol{x}_t-\boldsymbol{Bc}\|_2^2+\mu\|\boldsymbol{w}\odot\boldsymbol{\alpha}\|_2^2+\lambda\|\boldsymbol{c}\|_1 \\
&\text{s.t.}\quad \forall i,\ \alpha_i\geqslant 0,\ \sum_i\alpha_i=1,\ \boldsymbol{c}\geqslant 0
\end{aligned}
\tag{3-10}
$$

其中，$\odot$ 表示元素之间的相乘；$\boldsymbol{w}$ 用来表示粒子 $\boldsymbol{p}_i$ 是否接近于目标模板空间 $\boldsymbol{Bc}$[可以通过 K 最近邻（k-nearest neighbor，K-NN）计算]，如果接近，那么 $\boldsymbol{w}$ 中相应位置的元素系数为 1，否则为 0。$\boldsymbol{w}$ 可以用来保证系数 $\boldsymbol{\alpha}$ 不光是稀疏的，同时也保证 $\boldsymbol{\alpha}$ 具有局部性。局部线性编码可以通过解析形式快速的算出[189]，因此可以用来做实时的目标跟踪。

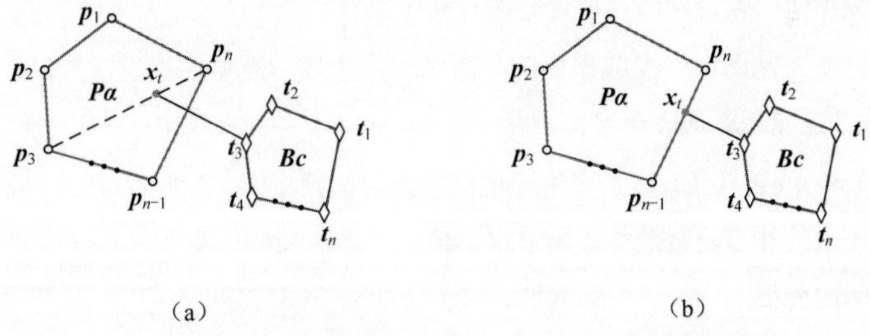

图 3-4 基于稀疏编码与局部线性编码的跟踪模型

图 3-4 中，（a）为基于稀疏编码跟踪模型，其中粒子 $\boldsymbol{p}_3$ 和 $\boldsymbol{p}_n$ 被用来表示当前帧目标 $\boldsymbol{x}_t$。（b）为基于局部线性编码跟踪模型，其中粒子 $\boldsymbol{p}_{n-1}$ 和 $\boldsymbol{p}_n$ 被用来表示当前帧目标 $\boldsymbol{x}_t$。

与式（3-5）类似，式（3-10）也可以进一步写成

$$
\begin{aligned}
&\{\hat{\boldsymbol{\alpha}},\hat{\boldsymbol{c}}\}=\underset{\boldsymbol{\alpha},\boldsymbol{c}}{\operatorname{argmin}}\|\boldsymbol{P\alpha}-\boldsymbol{Bc}\|_2^2+\mu\|\boldsymbol{w}\odot\boldsymbol{\alpha}\|_2^2+\lambda\|\boldsymbol{c}\|_1 \\
&\text{s.t.}\quad \forall i,\ \alpha_i\geqslant 0,\ \sum_i\alpha_i=1,\ \boldsymbol{c}\geqslant 0
\end{aligned}
\tag{3-11}
$$

式（3-11）可以认为是在局部线性编码形式下空间 $\boldsymbol{P\alpha}$ 和 $\boldsymbol{Bc}$ 之间的距离，其几何意义如图 3-4（b）所示。从图 3-4（b）中可知，可以观察到，在局部线性编码情况下，所选择

表示目标的粒子都是跟空间 $\boldsymbol{Bc}$ 非常近的，因此，局部线性编码相比稀疏编码更适合用来做目标跟踪。

与式（3-6）类似，式（3-11）也可以通过迭代的方式求解出 $\boldsymbol{\alpha}$ 和 $\boldsymbol{c}$。对于 $\boldsymbol{c}$，可以通过 l_1 方法更新，然后固定 $\boldsymbol{c}$，得到 $\hat{\boldsymbol{y}} = \boldsymbol{B}\hat{\boldsymbol{c}}$ 来更新 $\boldsymbol{\alpha}$，具体如下所示：

$$\hat{\boldsymbol{\alpha}} = \underset{\alpha}{\operatorname{argmin}} \| \hat{\boldsymbol{y}} - \boldsymbol{P}\boldsymbol{\alpha} \|_2^2 + \mu \| \boldsymbol{w} \odot \boldsymbol{\alpha} \|_2^2 \tag{3-12}$$

式（3-12）可以有效地求解出来[189]。有关本章算法的具体细节可以参考算法 3-1。

3.3.3 目标模板更新

在跟踪过程中，目标的外观会随着目标运动、遮挡、背景混淆和光照变化等情况而发生变化。因此固定的目标模板 $\boldsymbol{T}$ 将不能有效地处理这些情况，从而在跟踪过程中，需要对目标模型进行更新。传统的粒子滤波算法在更新模板时，往往采用启发式的策略来对模板进行更新，从而对跟踪中的漂移现象不能有效地处理。

因此，在目标跟踪中如何有效地更新目标模板仍然是一个悬而未解的问题，其中基本的问题是什么时候及如何去更新目标模板。

算法 3-1：基于线性编码的目标跟踪。

输入：第一帧的目标位置

输出：每一帧的目标位置

1：对每一帧 t=1：T，T 是所有帧的数量

2：在当前帧中前一帧目标所在位置处进行粒子采样

3：对每个样本，从图像中提取出相应的图像块，进行标准化的处理，然后形成一个向量，再把所有粒子构成的向量组合成一个字典 $\boldsymbol{P}$

4：用式（3-6）或者式（3-11）来求解目标所在的位置

5：所求解出来的非零元素最终被用来定位目标在当前帧的位置

6：更新目标的模板

7：结束

模板更新的时机选择非常重要，当目标外观变化很快的时候，模板需要更加频繁地更新，当目标外观变化慢的时候，相应地，模板也需要慢慢地更新，因此，需要一种有效的度量方式来描述这种变化情况。回顾前面目标跟踪模型中，跟踪到的目标去除遮挡的部分 $\tilde{\boldsymbol{y}}_t$ 可以表示为 $\boldsymbol{T}\hat{\boldsymbol{\beta}}$。因此，如果目标外观变化得不是很快，那么 $\tilde{\boldsymbol{y}}_t$ 应该跟前一帧跟踪到的目标 $\boldsymbol{x}_{t-1}^*$ 比较像，否则相反。基于此，可以用如下的方式表示目标的变化快慢。

$$\text{error} = \| \tilde{\boldsymbol{y}}_t - \boldsymbol{x}_{t-1}^* \|_2^2 \tag{3-13}$$

这里采用动态的方式来更新目标模板，即当该错误大于一个设定的阈值 τ，那么就表示目标的外观发生很大的变化，需要更新目标模板，反之不更新。

接下去的问题即如何更新模板，可以采用先前跟踪到的目标直接更新模板或者采用学习的策略来更新模板，比如主成分分析[4]、字典学习[191,192]等。近年来随着稀疏表示的字典学习策略可以有效地表示目标，因此，采用字典学习的策略来更新模板。通过字典学习的策略来学习得到一组基，然后再用这组基去更新目标模板，至于目标模板 $\boldsymbol{T}$ 的初始化可以通过手动的方式在第一帧得到。

3.4　其他外观表示模型

到此，已经描述完本章提出的新搜索策略算法，然而这种搜索策略并不是只能用在固定的外观表示模型上，也可以用到其他不同的外观表示模型上。在这一节中，将引进两种不同的外观表示模型与本章提出的局部线性编码搜索策略组合来进一步提高跟踪的精度，具体将采用最小软阈值平方表示模型[187]和自适应结构稀疏表示模型[49]。

3.4.1　最小软阈值平方外观表示模型

如文献[187]中所示，目标外观表示模型可以由 PCA 构成的基的线性表示外加高斯-拉普拉斯噪声来表示，其模型可以表示如下：

$$\boldsymbol{x}_t = \boldsymbol{U}\boldsymbol{z} + \boldsymbol{n} + \boldsymbol{s} \tag{3-14}$$

其中，$\boldsymbol{U}$ 表示 PCA 的一组基；$\boldsymbol{z}$ 表示这组基的系数；$\boldsymbol{n}$ 表示高斯噪声；$\boldsymbol{s}$ 表示拉普拉斯噪声。因此，式（3-1）中的模板项 $D(\boldsymbol{x}_t,\boldsymbol{T})$ 可以表示为

$$D(\boldsymbol{x}_t,\boldsymbol{T})=\|\boldsymbol{x}_t - \boldsymbol{U}\boldsymbol{z} - \boldsymbol{s}\|_2^2 + \lambda\|\boldsymbol{s}\|_1 \tag{3-15}$$

联合局部线性编码搜索策略，整个跟踪模型可以表示为

$$\begin{aligned} &\{\hat{\boldsymbol{a}},\hat{\boldsymbol{z}},\hat{\boldsymbol{s}}\} = \underset{\boldsymbol{\alpha},\boldsymbol{z},\boldsymbol{s}}{\operatorname{argmin}}\|\boldsymbol{P}\boldsymbol{\alpha} - \boldsymbol{U}\boldsymbol{z} - \boldsymbol{s}\|_2^2 + \mu\|\boldsymbol{w}\odot\boldsymbol{\alpha}\|_2^2 + \lambda\|\boldsymbol{s}\|_1 \\ &\text{s.t.}\quad \forall i,\ \alpha_i \geqslant 0,\ \sum_i \alpha_i = 1 \end{aligned} \tag{3-16}$$

类似于式（3-11），式（3-16）也可以认为是两个空间 $\boldsymbol{P\alpha}$ 和 $\boldsymbol{Uz}$ 之间的距离。式（3-16）也可以采用迭代的策略来更新系数 $\boldsymbol{\alpha}$ 和 $\boldsymbol{z},\boldsymbol{s}$，其中 $\boldsymbol{z},\boldsymbol{s}$ 可以通过最小软阈值平方求解得到。推荐读者通过文献[187]来进一步了解最小软阈值平方的具体细节。

3.4.2　自适应结构的局部稀疏外观表示模型

相比于全局性的稀疏表示模型，局部性的稀疏表示模型在标准数据测试集 Benchmark[81]中被证明可以有效地提升跟踪性能，另外，自适应结构的局部稀疏表示模型也在标准数据测试集取得很高的排名。因此，把自适应结构的局部稀疏表示模型与局部线性编码搜索策略结合起来，可以进一步提升跟踪的性能。

自适应结构的局部稀疏表示模型包含如下几个步骤：首先一个粒子可以表示成一组局部的稀疏系数；然后这组稀疏系数通过一种新的对齐池化策略（alignment pooling）来

进行量化选择；最后把选择出来的那些系数求和得到最大值的那个粒子选择为目标。假设 $\boldsymbol{v}_i$ 是粒子第 i 个局部块的系数，$\boldsymbol{V}$ 是由这些 $\boldsymbol{v}_i$ 构成的方阵，其中每一列代表 $\boldsymbol{v}_i$，粒子池化后的特征 $\boldsymbol{f}$ 可以定义为

$$\boldsymbol{f} = \mathrm{diag}(\boldsymbol{V}) \tag{3-17}$$

所以每个粒子的权重可以定义为

$$s = \sum_{k=1}^{N} f_k \tag{3-18}$$

其中，N 是特征 $\boldsymbol{f}$ 的维度。我们推荐读者通过文献[49]进一步了解以上过程。

如上述所示，整个过程其实是关于目标和模板之间的一个非线性的变换过程，因此，很难用一个公式把以上过程描述出来，但可以采用符号函数的形式来描述这个过程。可以用符号 φ 来表示这个非线性映射过程，定义为 $s = \varphi(\boldsymbol{x}_t)$，因此，模板项 $D(\boldsymbol{x}_t, \boldsymbol{T})$ 可以简单地表示成

$$D(\boldsymbol{x}_t, \boldsymbol{T}) = -\varphi(\boldsymbol{x}_t) \tag{3-19}$$

结合自适应结构的局部稀疏表示模型和局部线性编码搜索模型进行目标跟踪时，采用如下策略：在迭代过程中，当目标通过反非线性的映射 $\hat{y} = \varphi^{-1}(s)$ 重新计算得到目标模型 x_t 时，只用其一部分像素值，比如，目标模型 $\boldsymbol{x}_t$ 是 32×32 大小时，其重构出来的模型 $\hat{y}$ 可能只有 24×24 的大小。因此，这将比采用全局性的稀疏表示模型更有效，因为当有遮挡等情况存在时，可以只用那些没有被遮挡住的目标部分，而不是整个目标模型。至于目标部分的取值问题可以通过特征 $\boldsymbol{f}$ 来进行。如果目标模型的一个局部图像块可以很好地由相应位置的目标模板图像块表示，那么其对应位置的特征 $\boldsymbol{f}$ 值也会比较大，反之亦然。因此，通过这个性质，可以只取特征 $\boldsymbol{f}$ 中比较大的值来重构目标模型，从而可以有效地处理遮挡等情况。

3.5 实验结果

为了验证本章提出算法的有效性，在 CVPR 2013 提出的 Benchmark[81]上进行了各种测试。Benchmark 共有 51 个不同的视频，包含各种各样的情况，另外，也跟当前比较有代表性的 29 种不同的跟踪算法进行比较来验证本章算法的有效性和可靠性。由于涉及不同跟踪算法的种类很多，分别用以下的符号进行简略表示：本章提出基于稀疏编码的跟踪模型外加稀疏表示的外观表示模型为 SR-CSC，基于局部线性编码的跟踪模型外加稀疏表示的外观表示模型为 SR-LLC，基于局部线性编码的跟踪模型外加最小软阈值平方表示的外观表示模型为 LSS-LLC，基于局部线性编码的跟踪模型外加自适应结构的局部稀疏表示的外观表示模型为 ASLA-LLC。类似地，基于粒子滤波的跟踪模型外加稀疏表示的外观表示模型为 SR-PF，基于粒子滤波的跟踪模型外加最小软阈值平方表示的外观表示模型为 LSS-PF，基于粒子滤波的跟踪模型外加自适应结构的局部稀疏表示

的外观表示模型为 ASLA-PF。对于 SR-PF、SR-CSC 和 SR-LLC，采用 C++语言实现，而 LSS-PF、LSS-LLC、ASLA-PF 和 ASLA-LLC 则用 Matlab 语言实现，其中 CSC 编码的求解，采用软件包 SPAMS[192]提供的方法，至于 LLC 编码的求解，采用文献[189]提供的方法。所有实验都在 Intel i5 3.2GHz CPU 和 8GB RAM 的个人计算机上进行测试。

对于算法中涉及的参数，对 SR-CSC 和 SR-LLC 中的 Λ 设置为 $\{5,5,0.0005,0.02,0.002,0.0005\}$，式（3-6）中的 μ 和 λ 设为 0.06，式（3-10）中的 μ 和 λ 分别设为 0.0001 和 0.06，τ 设为 0.5，目标的模板个数为 10，对于 LSS-LLC 和 ASLA-LLC，其参数设置跟原始 LSS 模型[187]和原始 ASLA 模型[49]一样。

3.5.1　性能分析

在本章的方法中，对于 SR-CSC 和 SR-LLC 方法，采样 600 个粒子点，每个粒子对应图像中的一个位置，其图像块大小为 20×20，因此矩阵 $\boldsymbol{P}$ 的大小为 400×600。实验中，对于本章的方法，只需要迭代 3 到 5 次线性编码求解即可，而传统的粒子滤波需要 600 次稀疏求解。对于每帧的速度，SR-CSC 和 SR-LLC 都可以达到 30～40 帧/s，而 SR-PF 只能达到 4.1 帧/s，因此本章提出的方法比传统的基于粒子滤波方法快 10 倍左右。对于算法的精度，在同一个参数下，SR-LLC、SR-CSC 和 SR-PF 的结果如图 3-5 所示，其准确率分别为 0.348、0.344、0.341，精度分别为 0.452、0.431、0.451。因此，本章提出的 SR-LLC 不仅在速度上比 SR-PF 快，在精度上也比较高，对于 SR-CSC，尽管在精度上略微低于 SR-PF，但速度比其快很多。

至于 LSS-LLC 和 ASLA-LLC 方法，同样采样了 600 个粒子，但每个粒子所对应的图像大小为 32×32。从图 3-5 可知，本章提出的 LSS-LLC 和 ASLA-LLC 方法都比传统的 LSS-PF 和 ASLA-PF 准确率更高。例如，对于 LSS-LLC 和 LSS-PF，它们的准确率分

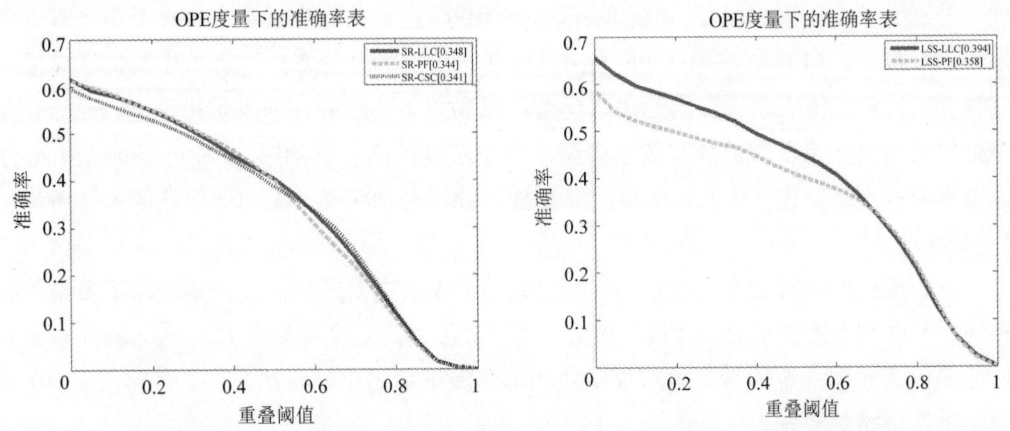

图 3-5　OPE 度量下外观表示模型为 SR、LSS、ASLA，跟踪模型分别为粒子滤波、稀疏编码、局部线性编码的对比实验

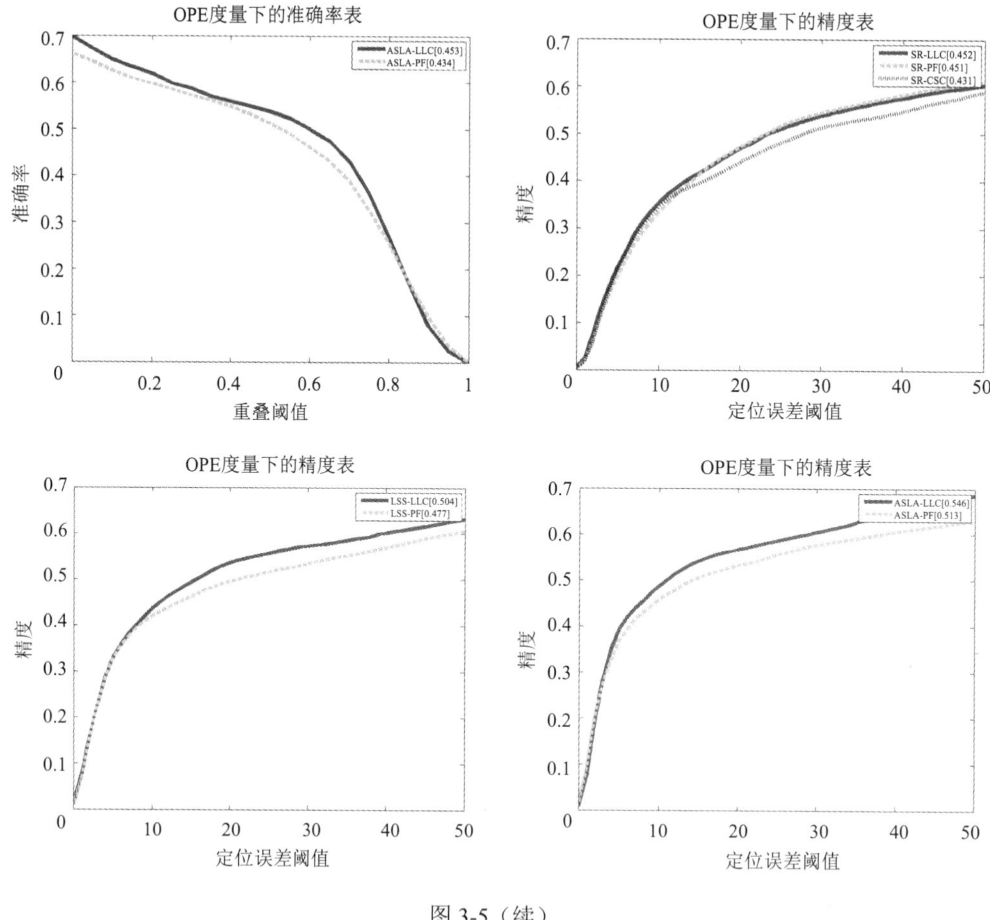

图 3-5（续）

别为 0.394 和 0.358，其精度为 0.504 和 0.477；对于 ASLA-LLC 和 ASLA-PF，它们的准确率分别为 0.453 和 0.434，其精度为 0.546 和 0.513。从中可以看出，对于更加复杂的外观表示模型，LLC 方法相比 PF 方法可以获得更好的准确率，这进一步验证了算法的有效性。另外也说明本章提出的跟踪模型可以和很多不同的外观表示模型进行结合，而不是仅仅只局限于单一的外观表示模型。至于速度，由于原始的 LSS-PF 和 ASLA-PF 速度本身就不是很慢，因此，本章的算法提升并不是很明显，大约比原始的方法每秒快 2～3 帧。

除了提出的跟踪模型有效以外，本章的动态模板更新策略也进一步增加了算法的鲁棒性。本章特别测试了 David 视频序列，当 David 的外观变化很大时，1～2 帧就要更新目标模板。如图 3-6 所示，本章提出的动态更新策略相比每帧都要更新策略及每 10 帧固定更新策略都要好。

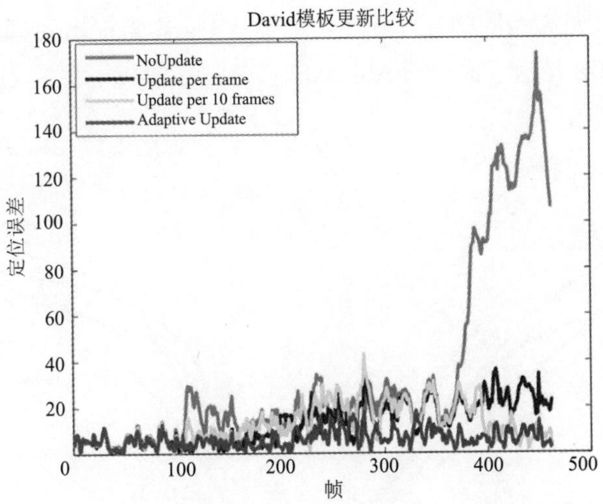

图 3-6　不同模板更新策略所对应的误差曲线

3.5.2 Benchmark 测试

CVPR 2013 的 Benchmark[81]包含 51 个已经标注好的视频，这些视频包含 11 种不同的属性，比如光照变化、遮挡、形变等。不同视频序列所侧重的属性不完全一样，有些视频侧重于物体发生形变、有些视频侧重于物体发生遮挡。总体来说，若想在这 51 个视频中都能工作得很好，还是很有难度。除此之外，Benchmark 也给出了跟踪算法性能比较的准则，并提供了目前世界上最流行的 29 种跟踪算法性能，这些算法基本上都是近些年在视觉顶级会议(CVPR、ICCV、ECCV)或者顶级期刊(TPAMI、IJCV、TIP)上提出的新方法。因此，本章直接采用 Benchmark 提供的度量方法和视频标注序列，并跟 Benchmark 提供的 29 种跟踪算法进行了比较。这里，直接采用本章提出算法中最好性能的 ASLA-LLC 来做对比，其实验结果如图 3-7 和图 3-8 所示。

Benchmark 中主要有两种不同的度量方式：准确度和精度。其中准确度可以通过物体包围盒的重叠率来计算，具体可以定义为

$$\text{score} = \frac{\text{area}(\text{ROT}_T \cap \text{ROT}_G)}{\text{area}(\text{ROT}_T \cup \text{ROT}_G)}$$

其中，ROT_T 是跟踪结果的框；ROT_G 是标准值（ground truth）的框。至于精度，主要通过跟踪结果的中心点与标准值中心点的欧式距离来度量。

至于具体比较方法，采用 Benchmark 提供的 OPE（one pass evaluation）方法进行度量，OPE 表示跟踪过程中一次性能通过整个视频帧序列的准确度和精度。如图 3-7 所示，本章提出的 ASLA-LLC 算法准确度上在所有算法中排名第 3 位。虽然本章算法并没有排在第一位，但有理由相信，如果采用更加复杂的外观表示模型，其算法性能可以进一步提高。这是因为，本章提出的算法并不是完全关注于目标的外观表示模型，而是侧重

于跟踪模型本身，在具有相同的目标外观表示模型上，本章提出的算法比以前的粒子滤波要更加准确。图 3-8 显示了提出的 ASLA-LLC 算法在物体形变、尺度变化和遮挡等情况下更加鲁棒。

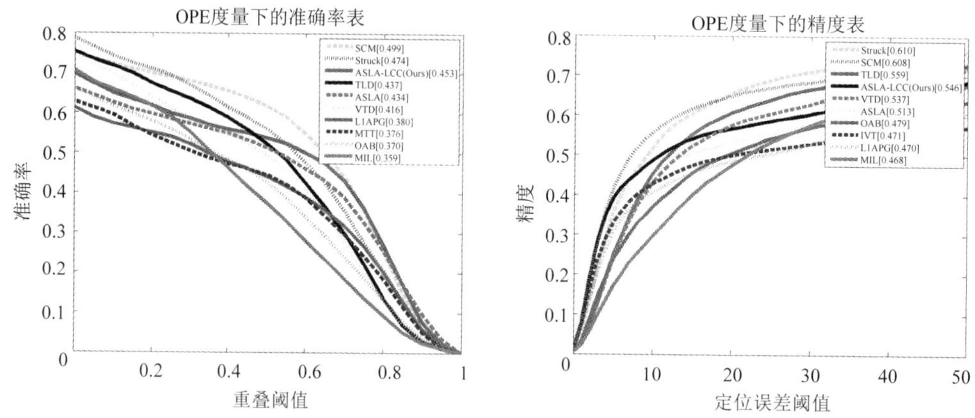

图 3-7　OPE 度量下，ASLA-LLC 方法跟现有的跟踪方法比较

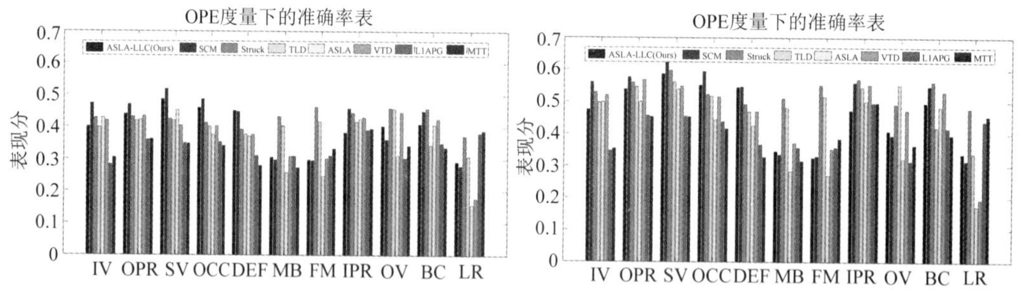

图 3-8　各个不同视频属性下 OPE 的平均性能

在图 3-8 中，左图表示不同属性下 OPE 的准确率，右图表示不同属性下 OPE 的精度。其中每个子集代表一个属性，分别为光照变化（IV）、平面外旋转（OPR）、尺度变化（SV）、遮挡（OCC）、形变（DEF）、运动模糊（MB）、快速运动（FM）、平面内旋转（IPR）、离开视点（OV）、背景混淆（BC）和低分辨率（LR）。

除了以上的性能曲线以外，下面也给出了一些定性的实验结果图。本章选取了目前最流行的几种跟踪算法作为对比，这些算法包括增量跟踪方法（IVT）[4]、在线 AdaBoost 方法（OAB）[38]、多实例学习方法（MIL）[5]、跟踪分解方法（VTD）[193]、跟踪学习检测算法（TLD）[54]、实时 L1 算法（L1APG）[47]、多任务稀疏学习方法（MTT）[50]、结构学习算法（Struck）[53]、实时压缩感知算法（CT）[39]、自适应结构局部稀疏算法（ASLA）[49]以及协同稀疏方法（SCM）[48]。其实验结果如图 3-9～图 3-13 所示。在图 3-9 中，给出了一些物体发生形变的视频序列的跟踪结果，比如 David、Dudek、Mhyang 和 Walking。图 3-10 描述了一些光照变化和尺度变化的视频序列，分别为 Car4、Fish 和

Singer1。图 3-11 描述了一些在遮挡等情况下的视频序列，分别为 Faceocc1、Faceocc2、Girl 和 Walking2。图 3-12 描述了一些平面内和平面外旋转的视频序列，分别为 David2、Dog1 和 Sylvester。图 3-13 描述了一些快速运动以及背景混淆的视频序列，分别为 Coke 和 MountainBike。

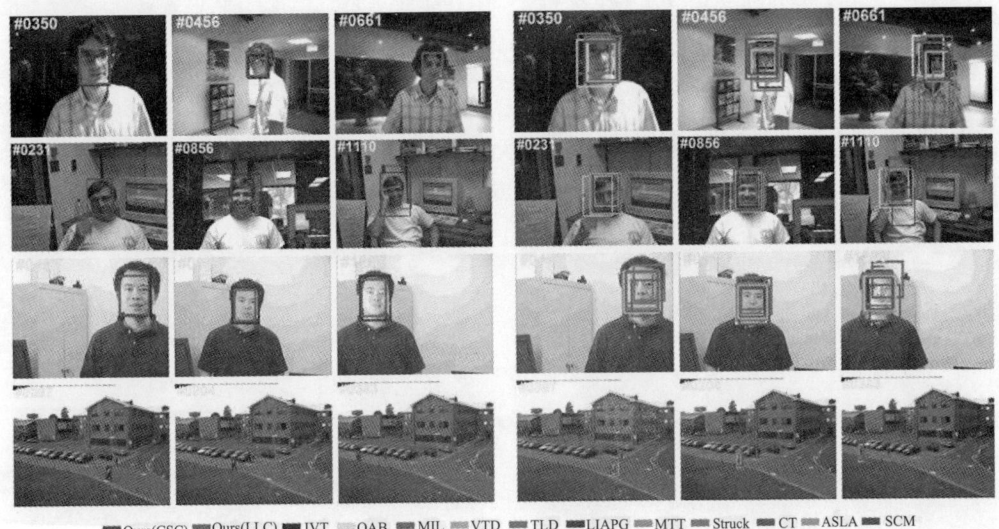

图 3-9　David、Dudek、Mhyang 和 Walking 视频的跟踪结果

图 3-9 中左边三列表示我们提出的 LLC（浅色框）和 CSC（深色框）跟踪结果，右边分别表示其他 11 种不同跟踪算法的结果。

图 3-10　Car4、Fish 以及 Singer1 的跟踪结果

图 3-10 中左边三列表示本章提出的 LLC（浅色框）和 CSC（深色框）跟踪结果，右边三列分别表示其他 11 种不同跟踪算法的结果。

图 3-11 中左边三列表示本章提出的 LLC（浅色框）和 CSC（深色框）跟踪结果，右边三列分别表示其他 11 种不同跟踪算法的结果。

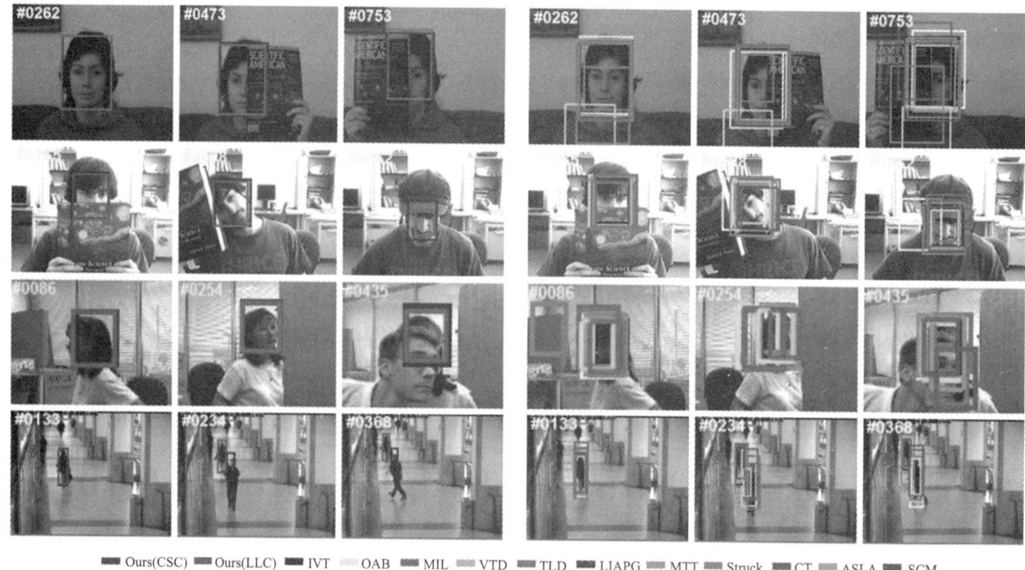

图 3-11 Faceocc1、Faceocc2、Girl 以及 Walking2 的跟踪结果

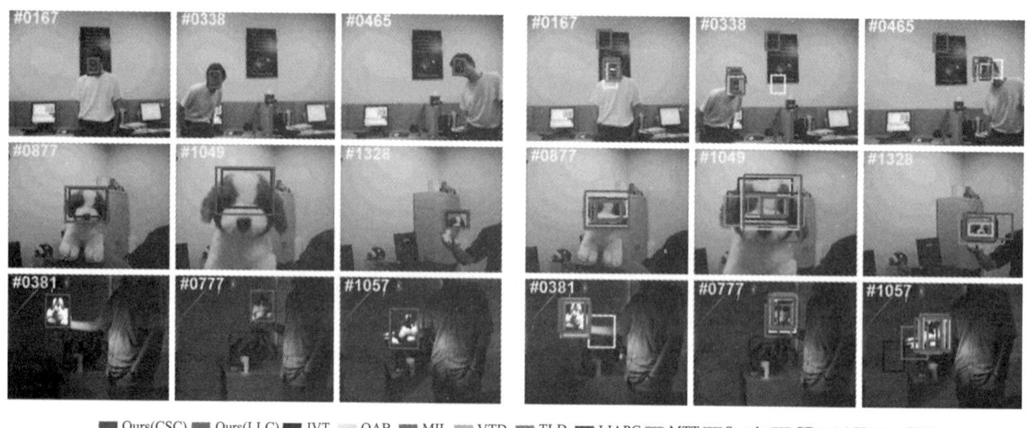

图 3-12 David2、Dog1 以及 Sylvester 的跟踪结果

图 3-12 中左边三列本章我们提出的 LLC（浅色框）和 CSC（深色框）跟踪结果，右边三列分别表示其他 11 种不同跟踪算法的结果。

图 3-13 Coke 以及 MountainBike 的跟踪结果

图 3-13 中左边三列表示本章提出的 LLC（浅色框）和 CSC（深色框）跟踪结果，右边三列分别表示其他 11 种不同跟踪算法的结果。

3.5.3　讨论

正如图 3-5 所示，相比于粒子滤波方法，本章提出的 LLC 方法具有更高的准确性。这说明 LLC 方法比粒子滤波方法更加优越。另外，类似于粒子滤波方法，LLC 方法也可以与很多不同的外观表示模型进行结合，比如本章使用的 SR、LSS 和 ASLA 模型等。从实验中得出，如果采用更加复杂有效的外观表示模型，LLC 方法可以得到更加准确的结果。

为了更好地理解本章提出的跟踪模型，分别比较了 PF、CSC 和 LLC 方法所产生的系数，如图 3-14 所示。PF 度量了每个粒子与模板之间的相似性，然后采用指数映射函数，比如 $e^{-\lambda D^2}$，来稀疏地生成每个粒子的权重，这说明虽然 PF 单独计算了每个粒子的权重，但最终形成的系数是稀疏的，如图 3-14（b）所示。图 3-14（a）显示了 PF 系数在没有指数映射前的值，从中可以看出其系数值是非常稠密的，但却不能直接用来做跟踪。而本章提出的 CSC 和 LLC 方法直接用了系数的稀疏结构，从而可以快速、准确地获得每个粒子的系数，因此更适合做跟踪，如图 3-14（c）、（d）所示。另外，从图 3-3（a）、（b）

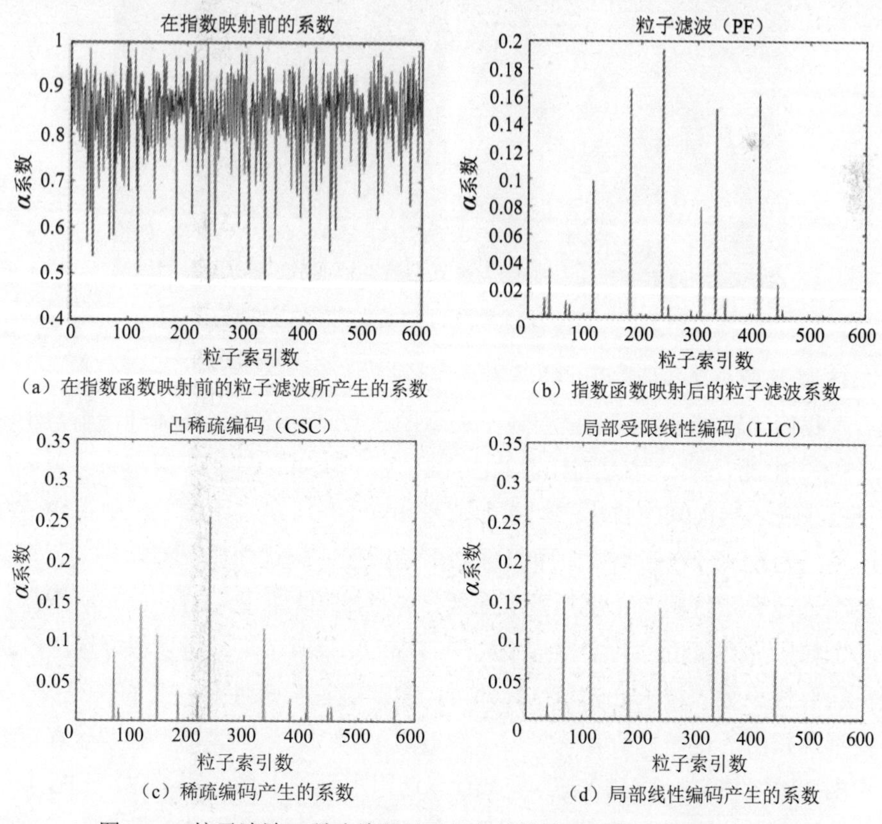

（a）在指数函数映射前的粒子滤波所产生的系数　（b）指数函数映射后的粒子滤波系数

（c）稀疏编码产生的系数　（d）局部线性编码产生的系数

图 3-14　粒子滤波、稀疏编码以及局部线性编码所产生的系数 α 比较

也可知，PF 需要计算每个粒子到模板之间的距离，因此其没有利用系数之间的结构信息，固其速度也不如本章提出的 CSC 和 LLC 方法。

除此之外，还比较了 CSC 和 LLC 之间的准确性。如图 3-4（a）所示，CSC 所产生的系数并不是局部稀疏的，但从直观上来看，用来表示目标 x_t 的粒子应该都跟目标模板比较相似才对，所以 CSC 并不是最优的跟踪方法。而 LLC 方法，如图 3-4（b）所示，其显式地强制所选择出来的粒子都跟目标模板比较相似，因此，相比之下，LLC 更适合用来跟踪。在图 3-14 中，我们也可以看出，LLC 所产生的非零系数 α 同时也是 PF 所选择的非零系数，这说明 LLC 跟 PF 一样，都是选择跟目标模板比较像的粒子来表示当前帧目标 x_t。而 CSC 并没有这个特性，这是稀疏编码本身的求解特性所决定的，也就是说，CSC 所选择出来的粒子并不都完全跟目标模板比较相似。实验结果也验证了这一说法，如图 3-15 所示，CSC 和 LLC 对大部分视频帧画面来说都可以跟踪得很好，但对一些比较有挑战性的视频帧画面，LLC 工作得更好。

图 3-15　LLC 跟踪模型和 CSC 跟踪模型的对比

图 3-15 中浅色框为 LLC 跟踪的结果，深色框为 CSC 跟踪的结果。

最后，我们比较了是否真的需要粒子表示的系数是稀疏的。具体地，用 l_2 正则项来约束式（3-6）中的 α 项。其系数结果如图 3-16（a）所示，是非常稠密的，表示几乎所有的粒子都来表示当前帧的目标。然而如图 3-16（b）所示，跟踪过程中很快就产生了漂移，这是因为大部分粒子本质上跟目标并不是很像，若这些粒子都拿来表示目标，反而并不能准确地表示目标。相反，若正则项 α 是稀疏的，如图 3-16（c）所示，只有极少数的几个粒子具有权值，其实验结果如图 3-16（d）所示，却可以很好地跟踪目标，这说明只需要极少数的粒子来表示目标即可，也就是说稀疏性是必要的。

需要特别指出的是，目前有一些工作指出基于模板表示的 l_1 稀疏并不能真正地提升图像的识别率[194,195]或者跟踪[196]。尽管如此，这跟本章的工作并不矛盾，回顾式（3-1），本章的稀疏约束是约束在粒子项中，而不是模板项中。另外在 3.2.2 节中也讨论到，对

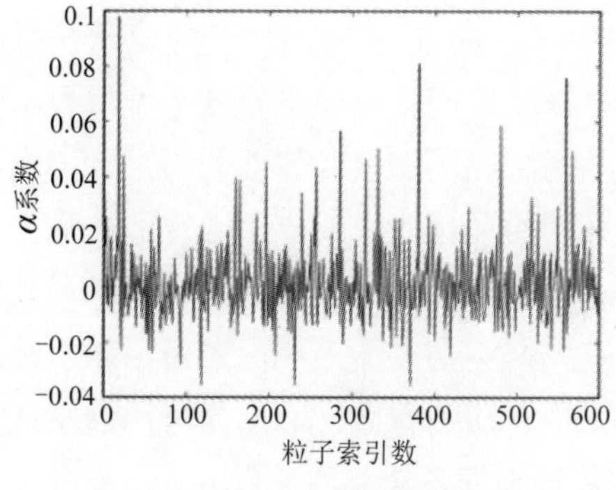

(a) 通过 l_2 正则项的系数 α 分布

(b) 对应 (a) 的跟踪结果

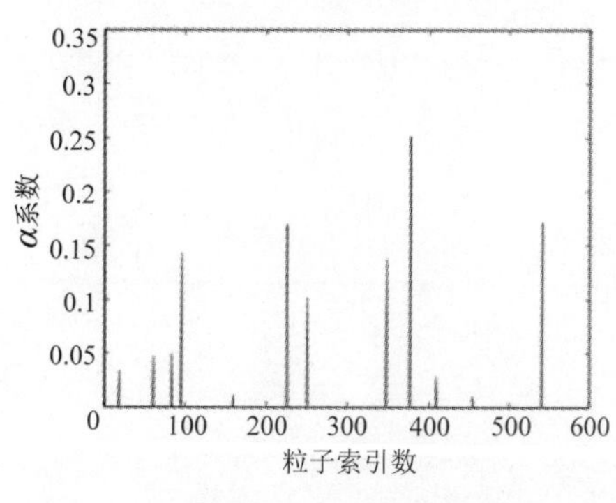

(c) 通过 l_1 正则项的系数 α 分布

(d) 对于(c)的跟踪结果

图 3-16　不同正则项对跟踪性能的影响

于粒子项，目标在当前帧中必须由其周围的粒子稀疏表示，然而这个性质，在模板项中并没有要求。因此，对于模板项来说，稀疏与不稀疏都可以用来表示目标外观模型，这也是本章提出的 CSC 或者 LLC 可以跟多种不同的模板项结合的原因。

3.6 本章小结

本章提出了一种全新的基于稀疏编码和局部线性编码的目标搜索策略。对于传统的粒子滤波模型，由于其通过在状态空间进行随机采样，然后分别计算每个采样点的权重来表示目标，因此其是一种离散化的表示方式，也就是说表示目标的状态空间是离散的，相应的外观空间也是离散的，因此只能通过枚举的策略来计算每个粒子的权重。当然，如果目标能在连续的状态空间里进行表示，那么将更加有效和鲁棒。本章通过一种新的基于线性编码的方式来表示目标，从而使得物体的状态空间以及外观空间都变成连续的，然后通过迭代优化的搜索策略来求得目标所在的位置。具体地，提出两种不同的求解策略 CSC 和 LLC 来表示跟踪模型，不像粒子滤波，只需要迭代 3～5 次即可求出目标所在的位置，因此是一种更加有效的跟踪求解模型，除此之外，还采用了动态模板更新的策略进一步处理目标的外观变化情况。

另外，通过实验验证了粒子滤波通过采用指数函数映射来确保粒子的权重是稀疏的，所以这跟本章提出的 CSC 和 LLC 本质上是一样的，实验结果也验证了本章提出的方法比粒子滤波更加有效。另外，LLC 是在 CSC 的基础上加了局部性的约束，因此比 CSC 求解更加精确，更适合用于目标跟踪，实验结果也验证了这一点。还有本章提出的跟踪模型是通过能量函数的形式进行建模，分为两项，分别对应粒子项和模板项，其中模板项可以结合很多不同的目标外观表示模型来进行表示。在本章中，先采用基于稀疏表达的外观表示模型来验证本章提出的 CSC 和 LLC 算法的有效性，然后再用最小软阈值平方和自适应结构局部稀疏的外观表示模型来进一步提升跟踪的性能，从而验证了本章算法的可扩展性和有效性。

第 4 章　基于全局优化搜索的目标三维跟踪

第 3 章介绍了基于视频的二维目标跟踪技术，利用该技术可以实时鲁棒地跟踪物体在图像中的位置。这一章，将进一步研究物体在三维空间中的跟踪问题，同样地，也只关注于基于视频的三维目标跟踪问题。跟二维目标跟踪一样，三维目标跟踪也是计算机视觉基本问题之一，其在增强现实、机器人学、视觉伺服等方面都具有广泛的应用。相比于二维目标跟踪，基于视频的三维目标跟踪更加复杂，因为它不仅需要估计被跟踪物体在图像中的位置信息，同时还需要估计被跟踪物体相对于相机的空间位置关系。本章关注于刚体的三维跟踪问题，刚体是指那些在跟踪过程中不会发生形变的物体，其姿态可以通过 6 个参数 x, y, z, rx, ry, rz 进行描述[91]。

4.1　方 法 概 述

到目前为止，已经有很多三维跟踪算法被提出，比如基于标志的三维跟踪[94]和基于特征的三维跟踪[95-97]。在这些跟踪中，基于标志的跟踪需要在场景中放置一个标志物以便跟踪，相比于其他方法，这种跟踪比较鲁棒，也比较成熟，比如商用的 ARToolkit[94]等。但由于其需要在场景中加入额外的标志物，因此其受用面比较窄，同时在跟踪过程中标注物也不能被遮挡，因此人们更多地研究直接利用物体本身的结构来进行跟踪，而不需要在场景中放置额外的标志。在无标志跟踪中，基于特征的跟踪是其中最常用的方法。然而，基于特征的跟踪需要物体的纹理信息比较丰富，因为这样才可以提取出比较丰富的特征以便跟踪。但是，很多物体本身的纹理信息并不丰富，这类跟踪相比前两种方法，由于信息少，因此更难跟踪。本章将研究基于无纹理的三维目标跟踪问题。

对于那些无纹理的三维物体，由于物体本身几乎没有什么纹理信息，因此，基于特征的方法将不再适用，在这种情况下，物体轮廓边的信息往往是其唯一可用的线索。为了简化问题，在此类跟踪中，物体的三维模型往往也是已知的，因此基于边的三维跟踪在无纹理情况下被广泛应用[91]。当给定一个三维模型时，可以通过 Kinect Fusion[109]或者手工的方法建立，物体的姿态信息可以通过把三维模型投影到二维图像上，然后通过匹配图像上物体的轮廓边，从而得到物体的姿态。RAPiD 跟踪[98]是第一个基于边用于无纹理的三维跟踪，但其只能在非常简单的场景中应用。随后，为了更好地跟踪无纹理物体，很多其他算法被提出，比如基于多边假设的跟踪[110,111]、基于多姿态假设的跟踪等[112,113]。尽管如此，基于边的三维跟踪在一些背景复杂的情况下还是很容易跟踪失败，如图 4-1 所示。本章主要关注于在背景复杂、容易混淆情况下的三维无纹理跟踪问题。

而最新的解决方法是 2014 年 Seo[99]等在 TVCG 上发表的，该方法在解决这个问题时，考虑了物体的区域信息，而不仅仅只是边的信息，因此比先前的算法更鲁棒。尽管 Seo 等提出的方法取得了不错的效果，但他们的方法在找图像中对应点的时候，每个点都是独立搜索的，缺少邻近点之间的约束关系，因此如果三维物体是一个镂空的结构，那么这种方法也很容易跟踪失败，如图 4-1 中的 Cube 模型。左图是三维模型上一时刻的姿态投影到二维图像上的像。右图是图像的边缘信息，可以看出物体的轮廓很容易会受到背景的干扰。

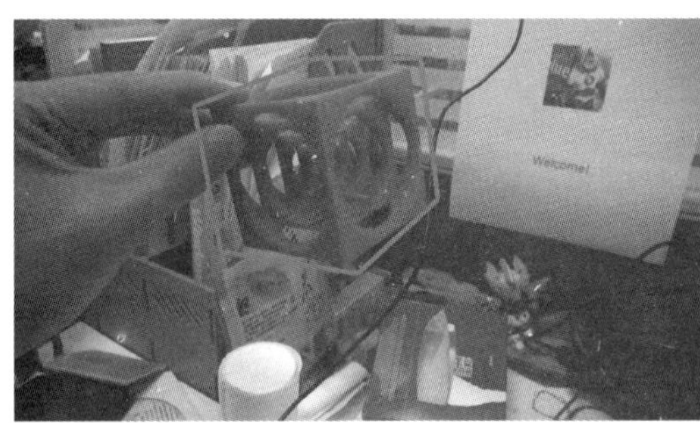

图 4-1　背景混淆下三维无纹理跟踪的关键问题

基于此，本章提出一种新的在复杂环境中、物体有镂空等情况下找图像中对应点的方法，在找对应点的时候，每个对应点并不是单独、孤立地寻找，而是通过一个全局优化的策略来一起找出所有的对应点。与 Seo 等一样，本章也采用了区域信息。首先为每个对应点在图像上搜索一些候选对应点，然后通过一个含有起始结点和终止结点的图模型来对所有候选对应点进行建模，最后通过动态规划的方法求出最终的正确对应点。实验结果表示，本章提出的算法相比以前的算法，在背景复杂、物体有镂空等情况下，可以获得更好的效果，从而实现快速、稳健的跟踪。

4.2　问 题 描 述

给定一个三维模型 $\boldsymbol{M}$，基于边的跟踪主要用来估计物体的姿态 $E_t = E_{t-1}\Delta_{t-1}^{t}$，通过更新前一帧物体的姿态，其物体运动无穷小量 Δ_{t-1}^{t} 可以通过最小化三维模型在图像上的投影点与其在图像上的对应点之间的误差来实现，其数学模型可以如下描述：

$$\begin{aligned}\hat{\Delta}_{t-1}^{t} &= \underset{\Delta_{t-1}^{t}}{\operatorname{argmin}} \sum_{i=1}^{N} \| m_i - \operatorname{Proj}(\boldsymbol{M}; \boldsymbol{E}_{t-1}, \Delta_{t-1}^{t}, \boldsymbol{K})_i \|^2 \\ &= \underset{\Delta_{t-1}^{t}}{\operatorname{argmin}} \sum_{i=1}^{N} \| m_i - \boldsymbol{K}\boldsymbol{E}_{t-1}\Delta_{t-1}^{t} \bullet \boldsymbol{M}_i \|^2 \\ &= \underset{\Delta_{t-1}^{t}}{\operatorname{argmin}} \sum_{i=1}^{N} \| m_i - s_i \|^2 \end{aligned} \tag{4-1}$$

其中，K 代表相机的内参，需要预先给定；E 是物体的姿态信息；M_i 为三维模型 $\boldsymbol{M}$ 上的采样点；m_i 为点 M_i 在图像上的对应点；s_i 代表三维模型采样点在图像上的投影点；N 为模型上采样点的个数。

通过最小化这个公式，可以准确地求出物体的姿态信息。式（4-1）中的关键问题在于给定一个三维模型上的点 M_i，如何准确地找到其在图像上的对应点 m_i。传统的方法主要通过每个投影点在其图像上的法线方向上找一个最近的点，但该方法在复杂环境中很容易失效。下一节将介绍如何通过本章的算法有效地解决这个问题。

跟文献[99]类似，并不需要考虑三维模型上所有点的信息，相反，在复杂环境中，环境中的干扰或者物体本身的干扰比较多，因此这里只用三维模型的外轮廓点作为跟踪的点，然后找图像上的对应点。

4.3　基于全局优化的对应点搜索算法

三维目标跟踪的核心问题为给定三维模型上的一个采样点，如何准确地找到其在图像中对应的点位置。在这一节中，将描述基于全局优化搜索的对应点搜索算法，相比于以前提出的方法，该方法可以更好地找到图像上的对应点。

4.3.1　能量函数

为了找到图像中的对应点，首先为每个正确对应点 m_i 找出一些候选对应点 c_i。每个 c_i 可能包含若干个点，定义为 $c_{i1},c_{i2},\cdots,c_{ij},\cdots$，其中 $\cdots$ 表示每个候选对应点 c_i 所包含点的个数可能不一样，如图 4-2 所示。我们的目标即为从这些候选对应点 c_i 中找到真正的对应点 m_i。

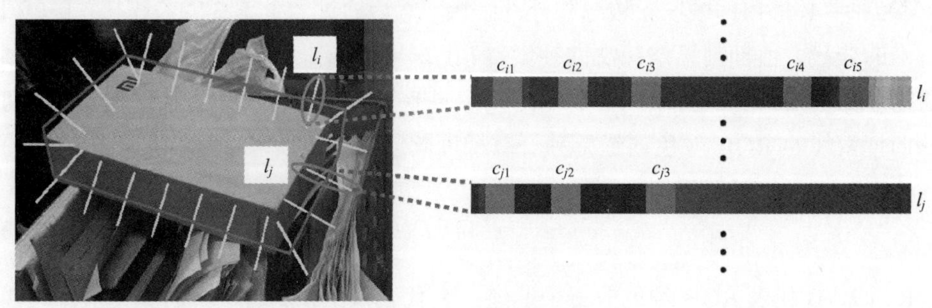

图 4-2　候选对应点

图 4-2 中左图为每条线表示三维模型投影点 s_i 的一维法向搜索线；右图为每条法向搜索线上的候选对应点 c_i，每条法向搜索线上的候选对应点个数可能是不一样的。

让 $\boldsymbol{A}=(\alpha_1,\alpha_2,\cdots,\alpha_N)$，其中 $\boldsymbol{\alpha}_i=(\alpha_{i1},\alpha_{i2},\cdots,\alpha_{ij},\cdots)=(0,0,\cdots,1,\cdots)$ 表示候选对应点 c_{ij} 是否属于正确的对应点 m_i。这里 $\alpha_{ij}\in\{0,1\}$，$\sum\limits_j \alpha_{ij}=1$ 可以保证候选对应点 c_i 里面有且仅有一个对应点属于正确的对应点 m_i。变量 $\boldsymbol{A}$ 描述了所有需要找的对应点之间的关系，

可以通过如下的优化方程进行计算：

$$E(\boldsymbol{A})=\sum_{i,j}E_d(\alpha_{ij})+\lambda\sum_{i=1}^{N-1}\sum_{j,k}E_s(\alpha_{ij},\alpha_{i+1,k}) \tag{4-2}$$

其中，$E_d(\alpha_{ij})$是数据项，度量了候选对应点c_{ij}与正确对应点m_i之间的关系；$E_s(\alpha_{ij},\alpha_{i+1,k})$是光滑项，度量了候选对应点$c_{ij}$与$c_{i+1,k}$之间的关系；$\lambda$是一个自由参数控制数据项和光滑项之间的权衡。

数据项$E_d(\alpha_{ij})$可以通过候选对应点c_{ij}属于正确对应点m_i的概率值的负 log 值来确定，具体为$E_d(\alpha_{ij})=-\alpha_{ij}\log p(c_{ij}\mid m_i)$。其中$p(c_{ij}\mid m_i)$可以通过候选对应点前景和背景相关的颜色直方图进行计算。光滑项$E_s(\alpha_{ij},\alpha_{i+1,k})$是个先验项，与前背景的颜色直方图无关，它仅仅依赖于两个候选点对应点c_{ij}和$c_{i+1,k}$之间是否相邻。如果两个候选对应点c_{ij}和$c_{i+1,k}$分别属于两个正确对应点m_i和m_{i+1}，并且它们相邻，那么光滑项$E_s(\alpha_{ij},\alpha_{i+1,k})$比较小，否则就比较大，$E_s(\alpha_{ij},\alpha_{i+1,k})$可以定义为$E_s(\alpha_{ij},\alpha_{i+1,k})=\alpha_{ij}\alpha_{i+1,k}\exp(\|x_{ij}-x_{i+1,k}\|^2/\sigma^2)$，其中$x_{ij}$和$x_{i+1,k}$是候选对应点$c_{ij}$和$c_{i+1,k}$在图像中的位置。

式（4-2）可以转换成一个包含起始结点和终止结点的图模型，然后通过动态规划有效地求解。在接下来的几节中，将分别描述如何选取候选对应点c_{ij}、如何计算概率值$p(c_{ij}\mid m_i)$，以及如何有效地计算式（4-2）。

4.3.2 候选对应点

为了有效地找出三维模型和图像中的对应点，首先为每个对应点找出一些候选对应点。具体的，对每一个三维模型上的采样点M_i，在其图像上的投影点s_i的法向上进行搜索候选对应点，可以通过 Bresenham 算法[197]求出每个采样点M_i在图像中的一维法向搜索线l_i，它包括物体的内部区域、边缘和外部区域。然后通过一个 1×3 的卷积核（[-1 0 1]）以及一维的非最大值抑制算法在法向搜索线l_i上求出候选对应点c_i，这是因为候选对应点c_i往往存在于图像上那些颜色值变化比较大的地方。为了增加算法的鲁棒性，分别对一维法向搜索线的 RGB 颜色通道单独计算梯度响应图，然后取一些梯度值比较大的点作为候选对应点，如下所示

$$c_{ij}=\underset{c\in\{\mathrm{R,G,B}\}}{\arg}(\|\nabla I_c(l_{ij})\|>\varepsilon) \tag{4-3}$$

其中，R、G、B 代表 RGB 颜色的三个通道；I_c代表像素在c通道上的颜色值；l_{ij}代表一维法向搜索线上的位置。在实验中，ε设为 40，每条法向搜索线l_i的长度为 61 个像素（其中 30 个像素为物体内部点，1 个像素为物体轮廓点，30 个像素为物体外部点），如图 4-3 所示。

4.3.3 颜色概率值模型

在计算概率值$p(c_{ij}\mid m_i)$之前，先引入一个新的图像L，它是由一些法向搜索线l_i组成。L 可以简单地通过法向搜索线l_i按照堆栈的形式一行一行排列起来，其中，L 的左

边对应于三维模型投影到图像的轮廓的外部，L 的中间对应于三维模型投影到图像的轮廓信息，L 的右边对应于三维模型投影到图像的轮廓的内部，如图 4-3（b）所示。图像 L 的大小远远小于输入的视频帧大小，其大小为法向搜索线 l_i 的长度乘以三维模型采样点的个数 N。后面在这个图像 L 上进行概率建模，这比直接在原图上建模速度上要快得多，同时也更有效，这是因为在计算概率值的时候只考虑那些有用的信息，而舍弃图像上那些没用的信息。

在得到新的图像 L 以后，可以分别对图像建立一个前景和背景的概率直方图，其中前景概率直方图基于图像 L 的右边，而背景概率直方图基于图像 L 的左边。在定义了这两个直方图以后，概率值 $p(c_{ij}\,|\,m_i)$ 就可以计算出来，具体的，如果一个候选点 c_{ij} 属于正确的对应点 m_i，那么其左边肯定属于物体的外部，而右边一定属于物体的内部。

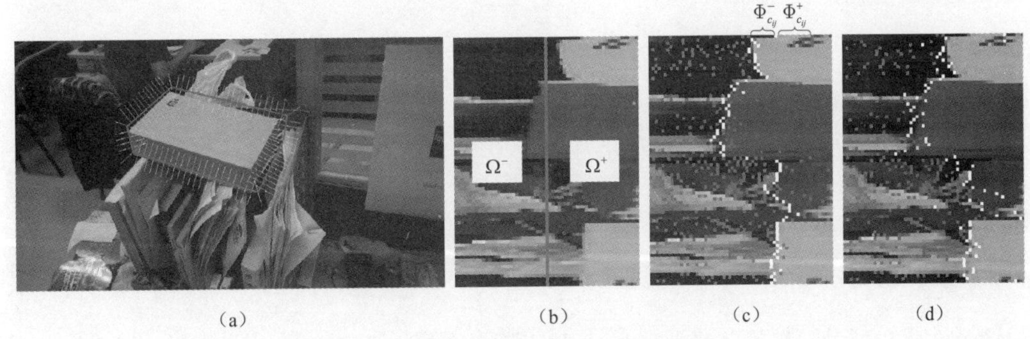

图 4-3　基于全局优化的对应点搜索算法

图 4-3（a）中每条线代表每个采样点 s_i 的搜索范围，包围盒代表三维模型在当前帧中用上一时刻姿态 E_{t-1} 投影到图像上的轮廓边。图 4-3（b）为搜索线堆积起来新的图像 L，其中 Ω^- 表示背景区域，Ω^+ 代表前景区域。图像 L 的大小为 61×150，远远小于原图 960×540 的分辨率。图 4-3（c）为基于我们全局优化搜索的对应点结果（图中白色表示正确的对应点，灰色代表候选对应点 c_i。图 4-3（d）为基于局部优化搜索[99]的对应点结果。

为了有效地对前景和背景进行概率建模，采用非参数化密度函数估计[40]的方法进行，由于图像的 RGB 空间很容易受到光照明暗等因素的影响，因此，把 RGB 颜色空间转变成 HSV（色调饱和度亮度）空间，再进行计算。HSV 颜色空间其实是把颜色的亮度值跟色调和饱和度分开，而亮度 V 很容易受到光照变化等因素的影响，这里只取色调 H 和饱和度 S 来对颜色直方图进行建模，因此，用 HSV 颜色空间比 RGB 颜色空间更合适用来概率建模。一个 HS 直方图可以包含 N 个 bin 的信息（$N=N_H N_S$），可以有效地通过核密度表示 $H(\Omega)=\{h_n(\Omega)\}_{n=1,\cdots,N}$，其中，$h_n(\Omega)$ 是区域 Ω 在 bin n 上的概率值。在定义了非参数概率密度函数 $H(\Omega)$ 后，就可以对图像 L 的前景和背景进行建模，分别用符号 $P^f(\Omega^+)$ 和 $P^b(\Omega^-)$ 表示。其中 $P^f(\Omega^+)=\{h_n(\Omega^+)\}_{n=1,\cdots,N}$，$P^b(\Omega^-)=\{h_n(\Omega^-)\}_{n=1,\cdots,N}$，$\Omega^+$ 和 Ω^- 分别是图像 L 的右边和左边，如图 4-3（b）所示。

为了计算每个候选点 c_{ij} 的概率值，定义了该点两个不同的概率值 $P^f(\Phi_{c_{ij}}^+)$ 和 $P^b(\Phi_{c_{ij}}^-)$，其中 $\Phi_{c_{ij}}^+$ 和 $\Phi_{c_{ij}}^-$ 分别对应候选点 c_{ij} 的前景区域和背景区域。因为候选点 c_{ij} 在法向搜索线 l_i 的左边很可能对应着背景区域，而右边对应着物体的前景区域，因此，可以对候选对应点 c_{ij} 的前景区域 $\Phi_{c_{ij}}^+$ 定义为在法向搜索线 l_i 上从第 j 个候选点到第 $(j+1)$ 个候选点之间的区域，$c_{i,j} < \Phi_{c_{ij}}^+ < c_{i,j+1}$；同理，也可以定义候选对应点 c_{ij} 的背景区域为从候选点 j 到 $j-1$ 之间的区域，$c_{i,j-1} < \Phi_{c_{ij}}^- < c_{i,j}$，如图 4-3（c）所示。

除了定义以上的颜色直方图外，还需要定义颜色直方图之间的相似性度量。度量两个颜色直方图之间的相似性可以有很多不同的方法，这里采用了 Bhattacharyya 距离来度量两个直方图之间的距离，具体为 $D[\Omega,\Phi]=\sum_{n=1}^{N}\sqrt{h_n(\Omega)h_n(\Phi)}$。有了这个公式以后，就可以度量候选点 c_{ij} 的前景值和背景值，具体为

$$\begin{cases} D_{ij}^f[\Omega^+,\Phi^+]=\sum_{n=1}^{N}\sqrt{h_n(\Omega^+)h_n(\Phi_{c_{ij}}^+)} \\ D_{ij}^b[\Omega^-,\Phi^-]=\sum_{n=1}^{N}\sqrt{h_n(\Omega^-)h_n(\Phi_{c_{ij}}^-)} \end{cases} \tag{4-4}$$

观察图像 L，可以知道如果候选对应点 c_{ij} 属于正确的对应点 m_i，那么其对应的 D_{ij}^f 和 D_{ij}^b 都比较大；如果 c_{ij} 不属于正确的对应点 m_i，那么至少有一个 D_{ij}^f 和 D_{ij}^b 比较小。根据这个性质，可以简单地定义候选对应点 c_{ij} 的概率值 $p(c_{ij}\mid m_i)$ 为 $p(c_{ij}\mid m_i)=\frac{1}{Z}\cdot D_{ij}^f\cdot D_{ij}^b$，其中 Z 是归一化的常量，确保 $\sum_j p(c_{ij}\mid m_i)=1$。

在某些情况下，物体的内部可能包含一些文字或者图片，这些文字或图片会对概率值的计算造成一定的影响，类似于背景混淆（background clutter），这些文字或图片为物体混淆（object clutter）。为了减少这些物体混淆的影响，仅仅用候选对应点 c_{ij} 的前景值 D_{ij}^f 和背景值 D_{ij}^b 是不够的。在这些情况下，当计算物体的前景值 D_{ij}^f 时，不仅需要考虑物体的前景直方图 $P^f(\Omega^+)$，同时还需要考虑物体的背景直方图 $P^b(\Omega^-)$。这是因为如果候选对应点 c_{ij} 是一个物体混淆点，那么从外观来看，它跟物体的前景不一样，但它同时与物体的背景也是不一样的。同样的性质也存在在计算背景值 D_{ij}^b。因此，和文献[99]相似，对前景值和背景值分别作如下修改：

$$\begin{cases} S_{ij}^f=\Gamma(\theta)D_{ij}^f[\Omega^+,\Phi^+]+(1-\Gamma(\theta))(1-D_{ij}^b[\Omega^-,\Phi^+]) \\ S_{ij}^b=\Gamma(\theta)D_{ij}^b[\Omega^-,\Phi^-]+(1-\Gamma(\theta))(1-D_{ij}^f[\Omega^+,\Phi^-]) \end{cases} \tag{4-5}$$

其中，$\Gamma(\theta)$ 是一个相函数，定义为如果 $D_{ij}^f[\Omega^+,\Phi^+]>\tau$，$\Gamma(\theta)=1$，否则，$\Gamma(\theta)=0$。最终可以定义候选对应点 c_{ij} 的概率值为 $p(c_{ij}\mid m_i)=\frac{1}{Z}S_{ij}^f S_{ij}^b$，这里 Z 同样为归一化的因子，确保 $\sum_j p(c_{ij}\mid m_i)=1$。

图 4-4 中每个结点代表一个候选对应点 c_{ij}，每条边连接两个邻近候选对应点 c_{ij} 和 $c_{i+1,k}$。

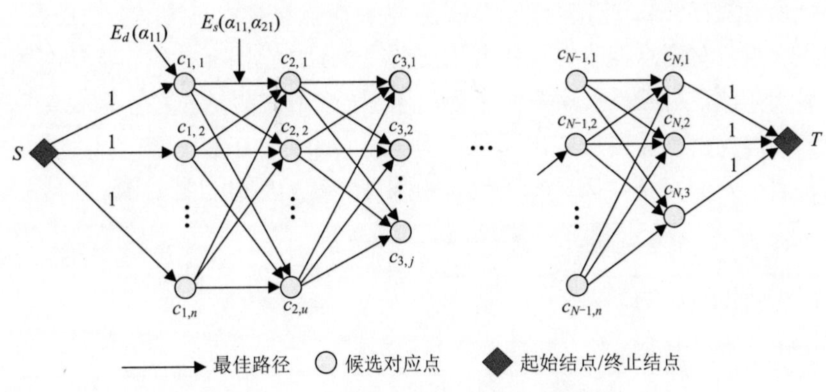

图 4-4　带起始结点和终止结点的图模型

4.3.4　图模型

式（4-2）可以转换成图模型，然后通过动态规划有效地求解。具体地，一个有向图 $G=<v,\varepsilon>$ 定义了一些结点（G 中的顶点）以及一些连接这些结点的有向边 ε。在图 4-4 中，图中的每个结点 v 表示一个候选对应点 c_{ij}，其值为 $E_d(\alpha_{ij})$，每条边 ε 连接两个结点 $c_{i,j}$ 和 $c_{i+1,k}$，其权重值为 $E_s(\alpha_{i,j},\alpha_{i+1,k})$。除此之外，还有另外两个特殊的结点，分别称为起始结点 S 和终止结点 T，其中起始结点 S 跟所有候选对应点 $c_{1,j}$ 连接，终止结点 T 跟所有候选对应点 $c_{N,j}$ 连接。起始结点和终止结点的权重值都恒等于 1。通过定义以上带权值的有向无环图模型，式（4-2）等价于在图中找一条从起始结点 S 到终止结点 T 的最小代价路径。

为了找出最小代价路径，最直接的方法即枚举图中的每条路径，然后找出其中代价最小的那条路径作为最小代价路径。但是，这种方法是不可取的，也是不必要的，因为对每个结点，其路径从起始结点到它本身仅仅依赖于其前一个结点。假设从起始结点 S 到结点 c_{ij} 的最小代价定义为 $\cos t(c_{ij})$，那么对于结点 $c_{i+1,k}$，其最小代价路径为 $\cos t(c_{i+1,k})=\min\{\cos t(c_{ij})+E_d(\alpha_{i+1,k})+E_s(\alpha_{ij},\alpha_{i+1,k})\}$。这里，$j$ 是前一个结点 c_{ij} 的索引，为 $1,2,\cdots$。对于第一个结点 c_{1j} 的最小代价路径定义为 $\cos t(c_{1j})=1+E_d(\alpha_{1j}), j=1,2,\cdots$，对于终止结点的最小代价路径为 $\cos t(T)=\min\{\cos t(c_{Nj})+1\}, j=1,2,\cdots$。当找到最小代价路径以后，从终止结点 T 沿着最小代价路径反向跟踪到起始结点 S，就可以把所有正确的对应点 m_i 找出。

4.3.5　讨论

相比于基于局部最优搜索方法[99]，本章提出的基于全局最优搜索方法（算法 4-1），有一些内在的优点，这是因为所有对应点本质上是三维模型投影到图像上的轮廓上的点。因此，正因为全局搜索算法直接用了这个性质，它对背景混淆以及三维模型本身比较复杂等情形都可以很好地处理。

如果把所有对应点 m_i 连接起来，那么这些对应点将构成三维模型在图像上的轮廓。从这个观点来看，对应点搜索算法和分割问题很相似，它们都是找出物体在图像上的外部轮廓。尽管如此，对应点搜索算法和分割还是不一样的，这里并不需要对每个轮廓点都分割出来，而仅仅只需要搜索出那些正确对应点即可。还有一点，目前分割在准确性和速度上都有一定的瓶颈，因此也不适合用来做实时的三维目标跟踪。

算法 4-1：基于全局最优搜索的三维跟踪框架。

输入：三维模型 $\boldsymbol{M}$，第一帧的物体姿态 E_1，以及相机的内部参数 K
输出：每一帧的物体姿态 E_t

1：对每一帧 t=1：T，T 是所有帧的数量
2：重复以下过程
3：在三维模型的外轮廓上进行采样，得到点集 M_i
4：对每一个采样点 M_i 的投影点 s_i，根据式（4-3）沿着法线方向计算一些候选对应点 c_i
5：对每个投影采样点 s_i，从其所有候选对应点 c_i 中通过动态规划计算出式（4-2）中的正确对应点 m_i
6：通过 Levenberg-Marquardt 方法求解式（4-1）中的物体运动无穷小量 Δ_{t-1}^t
7：更新物体姿态 $E_{t-1} = E_{t-1}\Delta_{t-1}^t$
8：直到重投影误差小于 1.5 个像素或者迭代次数大于 10 次
9：得到当前帧物体的姿态 $E_t = E_{t-1}$
10：结束

4.4 实验结果

为了有效地验证本章提出的算法有效性，测试了 7 个不同的视频序列，并且跟目前世界上最好的两个算法 LOS 方法[99]和 PWP3D 方法[100]进行比较。本章的算法采用 C++ 语言实现，在 Intel i5-3470 CPU，8GB 的 RAM 上进行测试，在代码没有优化的情况下，每秒钟可以得到 15～20 帧/s。算法假定三维物体的初始姿态是给定的，另外相机的内部参数也是预先给定的。所有的三维模型都是采用线框模型来表示，同时直接把实验结果可视化到视频帧画面进行显示。

4.4.1 实现细节

在找到正确对应点后，可以通过 Levenberg-Marquardt 方法[92]有效地求解式（4-1）。物体的 6 个姿态分别表示成 x, y, z, rx, ry, rz，其中，x, y, z 是物体相对于相机的平移分量；

rx, ry, rz 是物体相对于 x, y, z 轴的旋转分量，其刚体变换矩阵参考第 2.1 节。整个算法的流程可见算法 4-1。对每帧画面，迭代的终止条件为三维模型的重投影误差小于 1.5 个像素或者迭代次数大于 10 次。通常情况下，对每帧画面，只有 4～5 次迭代就可以满足要求。

为了有效地找出任意三维模型的外部轮廓点，首先把三维模型的线框投影到图像上，然后通过图像处理的技术找出三维模型在图像上的外轮廓，这个外轮廓对应于三维模型的外部轮廓，如图 4-5 所示。所以，若一个候选点 M_i 在三维模型的外部轮廓上，那么其对应的图像投影点 s_i 必定存在在图像的外轮廓上。通过这种方式，可以处理任意复杂的三维模型。然后，对过滤后的三维模型进行等距的采样，生成数据点 M_i。在本章的所有实验中，采样点的个数 N 设为 150。

对于其他实验参数，设置颜色直方图 N_{H} 和 N_{S} 分别为 4，式（4-2）中的 λ 设为 1。

（a）三维线框模型投影到图像上

（b）通过图像处理的方法得到线框图在图像上的轮廓信息

图 4-5　Bunny 模型

4.4.2　定量分析

对于定量分析，首先采用 ARToolKit[92]对跟踪的物体进行标定，如图 4-6 所示，从而获得真实值（ground truth），这里用 Cube 模型来验证本章算法的有效性。除了跟真实

（a）参考图像，包含 4 个标志点

（b）Cube 模型在场景中

图 4-6　定量实验的设置环境

值进行比较以外，也跟 LOS 方法进行了比较，实验结果如图 4-7 所示。本章分别对 6 个姿态所得到的轨迹进行比对，从图 4-7 可以看出，本章的算法结果跟 ARToolKit 基本一致，但 LOS 方法在 250 帧左右的时候就开始偏离方向，这是因为 LOS 方法找到了物体内部的对应点。更多的对比实验，可以参考下节的定性分析。本章算法的平均角度误差在 2° 左右，平均距离误差在 2.5mm 左右。

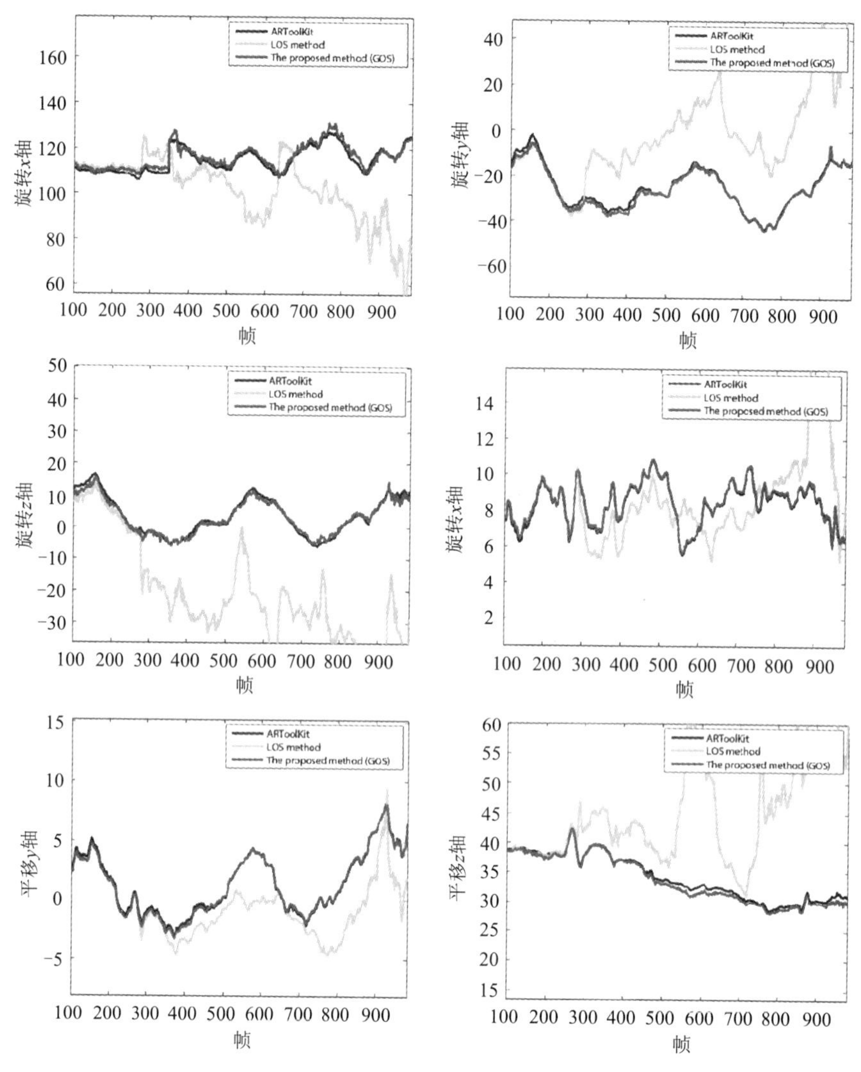

图 4-7　定量对比实验结果

如图 4-7 所示，三条曲线分别代表本章提出的 GOS 方法、LOS 方法[99]和 ARToolKit 得到的 ground truth 结果。

4.4.3　定性分析

对于定性分析，采用 7 个不同的视频来验证本章的算法。这些视频都包含比较复杂的背景混淆，另外三维物体本身的结构也比较复杂。

首先，采用镂空的 Cube 模型对比本章的 GOS 方法跟 LOS 方法。镂空的 Cube 模型包括大概 10 000 个面片，因此三维模型本身还是很复杂的。如图 4-8 左图所示，LOS 算法很容易找到内部的对应点，因此很容易跟踪失败，而本章的 GOS 算法由于保持了对应点之间的全局连接关系，因此对应点并没有找到三维模型的内部（图 4-8 右图），从而可以有效地跟踪整个序列，如图 4-9 所示。

（a）LOS 方法找到的正确对应点，会找到一些内部的点（白色点）

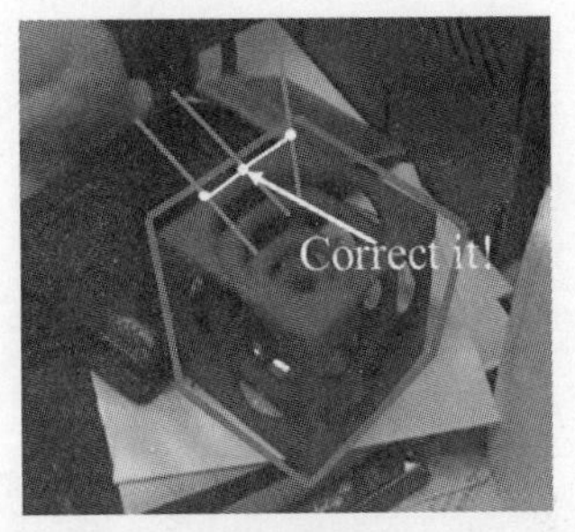

（b）GOS 方法找到的对应点，避免了找到内部的点

图 4-8　正确对应点

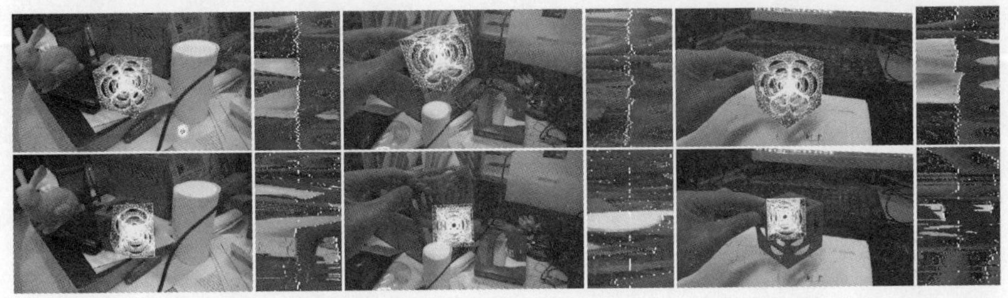

图 4-9　GOS 方法和 LOS 方法在 Cube 模型上的实验结果

第一行，是 GOS 方法，第二行为 LOS 方法。另外，第二、四、六列为搜索线构成的图像 L，其中白色点表示正确的对应点 m_i ，灰色点表示候选对应点 c_i 。

其次，采用 Bunny 模型对比本章的 GOS 方法和 PWP3D 方法。Bunny 是经典的三维几何模型，在本章的实验中，Bunny 模型的面片总共有 5000 个。结果如图 4-10 所示，

图 4-10　GOS 方法和 PWP3D 方法在 Bunny 模型上的对比结果

第一行为的 GOS 方法，第二行为 PWP3D 方法。

由于背景比较混淆，PWP3D 方法在整个视频跟踪过程中，会产生一定的偏差。而本章的算法可以很好地跟踪整个视频序列。

更多的实验结果如图 4-11 和图 4-12 所示。在图 4-11 中，展示了简单的 Box 模型、Shrine 模型和简单的 Lego 模型。其中简单的 Box 模型，由于用户手的皮肤颜色跟物体本身的颜色很相似，因此跟踪过程中很容易发生漂移；对于 Shrine 模型，其物体结构是对称的，因此也很容易发生姿态的混淆；尽管如此，本章的算法性能也没有降低很多。对于简单的 Lego 模型，其模型本身包含很多不同的颜色，因此也很容易造成跟踪失败，但是本章的算法仍然可以很好地跟踪，这说明本章的算法并不仅仅只能跟踪单一颜色的物体。

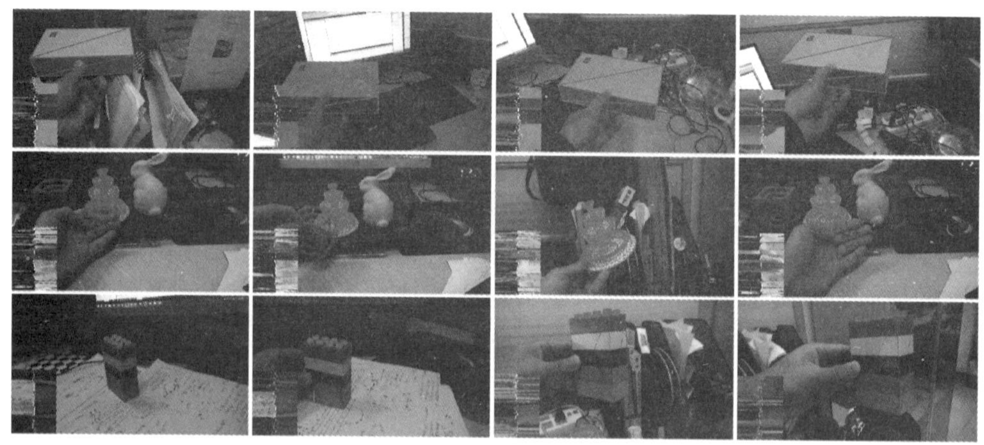

图 4-11　简单 Box 模型、Shrine 模型和简单 Lego 模型的实验结果

三维模型的线框直接渲染到图像帧画面中。第一行表示简单 Box 模型的实验结果，第二行表示 Shrine 模型的实验结果，第三行代表简单 Lego 模型的实验结果。

在图 4-12 中，展示了 Vase 和复杂 Lego 模型，分别有 10000 和 25000 个面片。Vase 的结构也是很复杂的，当用户移动该物体时，很容易造成漂移，尽管如此，本章的算法还是可以很好地跟踪。对于复杂 Lego 模型，其由简单的 Lego 部件构成的，同时它也包含很多不同的颜色，有些部件仅仅只有一些颜色，比如，模型的绿色底板，因此这个模型很难跟踪。同样，在对应点全局约束情况下，本章的算法仍然很好地跟踪了这个模型。

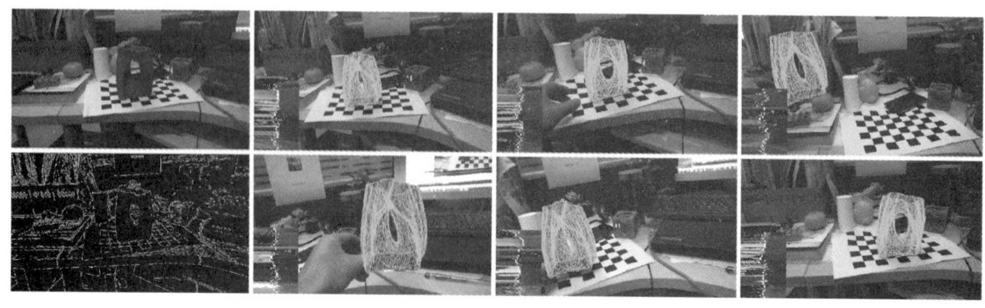

图 4-12　Vase 模型和复杂 Lego 模型的实验结果

第一列表示场景中的物体以及物体的边缘。其他列为 Vase 模型的实验结果（第一和第二行）以及复杂 Lego 模型的实验结果（第三和第四行）。图中左下角为搜索线组成的新图像 L。

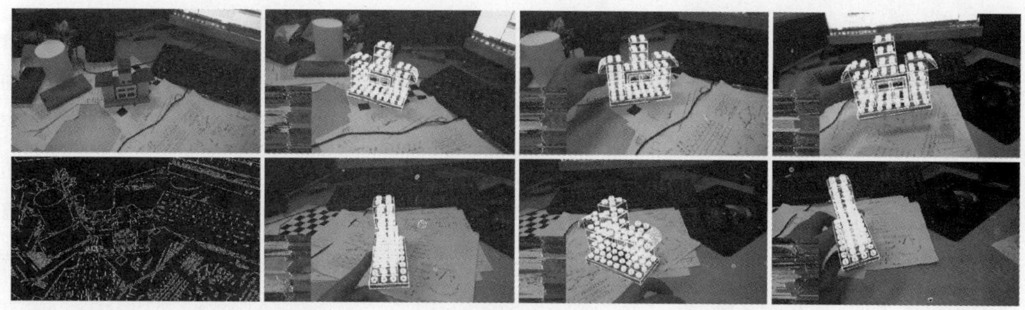

图 4-12（续）

接下来，检验了物体初始姿态对算法的影响。设置了物体不同的初始姿态，如图 4-13 所示。尽管如此，算法都可以迭代到比较好的跟踪结果。这说明物体的初始姿态对跟踪的影响并不是很大，当然，初始姿态也不能偏离物体太多，否则也是不能跟踪的。

图 4-13　不同初始姿态对算法的影响

其中白线代表不同的物体姿态投影下的轮廓边，灰线代表算法迭代后的结果。

4.4.4　局限性

尽管本章的方法在很多情况下都可以工作得很好，但是仍然存在一些问题。比如，本章的方法仅仅依赖物体的轮廓匹配信息，因此对一些具有相似结构的物体，很难准确地估计其姿态信息，如 Shrine 模型。这是因为不同姿态下的物体其在图像上的投影可能是一样的。在未来的工作中，将考虑物体内部的一些结构信息，而不仅仅只是物体的轮廓信息，从而可以进一步提升跟踪的性能。

另外，本章的算法在物体运动很快、大面积遮挡或者物体与背景的颜色很相似的情况下，也很容易跟踪失败。尽管如此，如果把本章的跟踪算法跟目前最好的三维目标检测算法[198]结合起来，仍可以很好地解决以上的一些问题。

4.5　本 章 小 结

本章提出了一种在复杂环境中基于全局优化搜索的无纹理三维跟踪问题，通过基于能量函数的图模型来对候选对应点进行建模，然后采用动态规划进行有效的求解。由于采用了对应点之间的一些内在关系，因此，相比于局部优化搜索算法，本章的算法更加鲁棒，特别对那些内部结构有镂空的三维物体更加有效。

在未来的工作中，将考虑物体内部的一些结构信息来辅助跟踪，这是因为只依靠物体的轮廓匹配很难解决那些具有对称性结构的物体，在这些物体中，即使物体的轮廓与图像匹配得很好，但内部结构可能完全不匹配，因此这样求解出来的姿态信息是不准确的。另外，也考虑结合三维检测的方法，众所周知，只依赖于物体的跟踪算法，无法解决当物体跟丢的情况下以及初始化等情况。我们有理由相信，通过结合三维目标跟踪和三维目标检测算法，其跟踪的性能将被进一步提高，同时也可以更好地处理现实世界中的情况。在下一章基于视频的装配解析过程中，采用了三维目标跟踪和三维目标检测结合的方法，取得了很好的效果。

第 5 章　基于装配规则的物体装配技术

以上两章描述的都是单个物体的运动跟踪情况，都是基本的视觉问题，然而在现实世界中，更多的是多个物体的运动情况，并且多个物体之间还存在着或多或少的关系。因此如何分析理解多个物体之间的运动关系将变得非常重要。这一章将研究基于视频的物体装配解析技术。自动装配解析技术是指系统可以自动地分析出用户的装配过程，并在线实时地指导用户装配物体。该技术不仅需要在底层识别跟踪出视频场景中出现的物体，比如在本章中，将采用第 4 章提出的三维目标跟踪技术，同时还需要在高层上理解物体与物体之间的装配关系，从而是更高层的视觉问题。

物体的装配解析是非常有用的，设想一下，目前消费者在购买完装配产品后，通常都是按照纸质的装配说明书进行操作的，尽管这些纸质的说明书里也有一些图表等描述性的内容，但用户在装配的时候往往都是被动地接受这些内容，而缺少一些实时交互反馈的信息。这一章将介绍一种新的主动式的物体装配辅助系统，如图 5-1 所示。系统可以在线指导用户装配过程，并提供用户一些反馈信息，比如用户装对、装错或是用户下一步应该装什么等。跟前面章节一样，本章也只依靠于视频数据，而没有深度数据，这是因为目前摄像头对于用户来说，还是最普遍的。因此，本章将研究基于视频的物体装配解析技术。

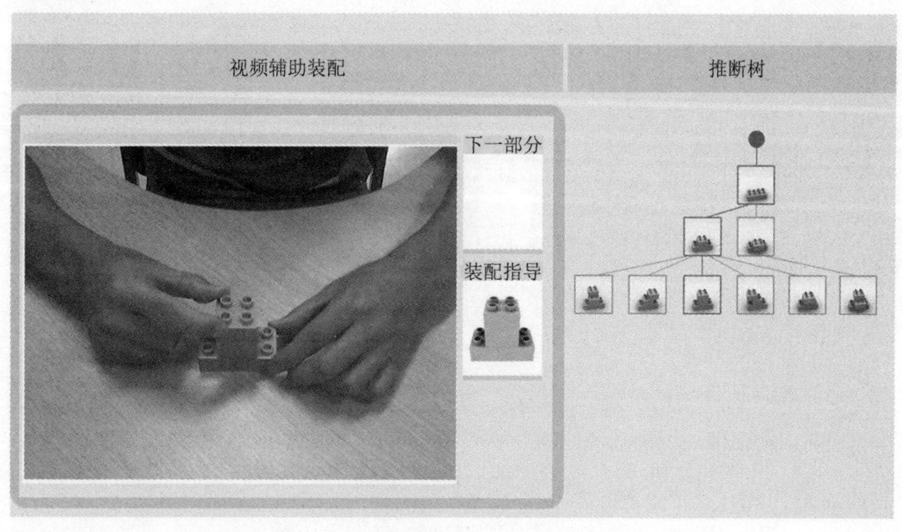

图 5-1　用户界面

左边显示了用户操作界面，右边显示了本章算法的核心部分

5.1 方法概述

基于视频的装配解析是非常困难的，这是因为它不仅需要识别视频中出现的物体部件，同时还需要理解用户装配过程并跟踪装配好的模型等。尽管这些年这些问题都取得了一定的进展，但总体来说还是非常困难的。为了降低视频分析的难度，预先需要知道装配物体基本部件的三维几何模型。物体三维几何模型的获取目前并不是很困难，因为好多厂商本身就提供产品的三维几何模型，另外目前互联网上也存在着很多不同的三维几何库，比如 Google 的 3D Warehouse 等，当然也可以通过手工方式创建，比如 Maya 等。尽管如此，装配视频的解析还是异常困难的，这是因为视频里经常会发生光照变化和遮挡等情况，从而给识别或跟踪带来了极大的挑战。

本章提出了一种基于树结构的在线装配解析算法，其核心想法为引入物体部件之间的装配规则来约束物体之间的装配，部件之间的装配规则可以大大减少物体部件装配过程中的参数搜索空间，然后通过在线推断算法来确定每一步的装配过程。在线推断算法在用户装配的每一步并不只是保留当前算法推断最好的装配物体，而是通过保留多个候选的装配物体来解决一些视频解析中的模糊性问题如图 5-2 所示。当用户不断地加入装配部件时，其联合的部件之间的信息将帮助解决视频解析中先前可能出现的一些问题，从而避免装配分析过程中的一些错误推断。在装配过程中，一些树的分支不满足装配规则或者分数比较低，将被剪掉，如图 5-2 所示。特别需要说明的是，跟部件的三维模型一样，部件之间的装配规则只需要在部件建模的时候定义一次，就可以在整个装配过程中使用。

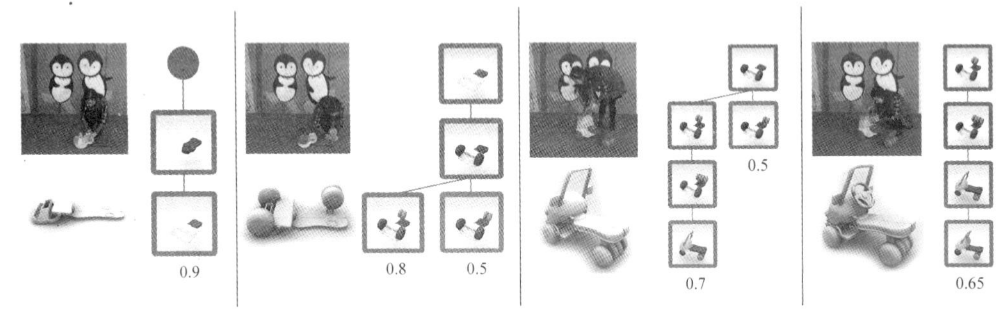

图 5-2 基于视频的三轮车装配解析

左上角的视频帧画面显示了用户装配的过程。系统可以识别出单个部件，理解装配过程，并通过基于树结构的在线推断算法来解决装配过程中的一些模糊性问题，如右图所示。左下角显示了系统生成的三维几何模型。

5.2 系统总体设计

在描述系统之前，首先确定两个名词：

① 部件（part）或部件模型，指组成物体的基本单元。比如 Lego 模型，其部件为购买 Lego 玩具时的基本配件。

② 组件（configuration）或组件模型，指由基本部件装配成的一个整体物体。

本章的总体目标是在线地理解及解析装配视频，从而可以辅助用户装配物体。系统的输入为传统的视频数据，也可以直接通过摄像头在线获得。同时，还需要假设部件的三维几何模型是预先知道的，也就是需要预先建模好部件的三维几何模型，这些三维几何模型将组成一个部件数据库（part DB），用来识别视频中的基本部件。另外还需要定义一些简单的装配规则（part-interaction rules （PIRs））来描述部件之间的关系，这些装配规则将被用来由部件生成一个组件。整个算法的装配步骤可以分为两部分：识别新来的部件和把新的部件装配到当前已经装配好的模型上。算法的核心思想为通过基于树结构的在线推断算法来实现整个装配过程，主要包含底层的视频分析和高层的物体几何分析技术。其基本流程如图 5-3 所示。

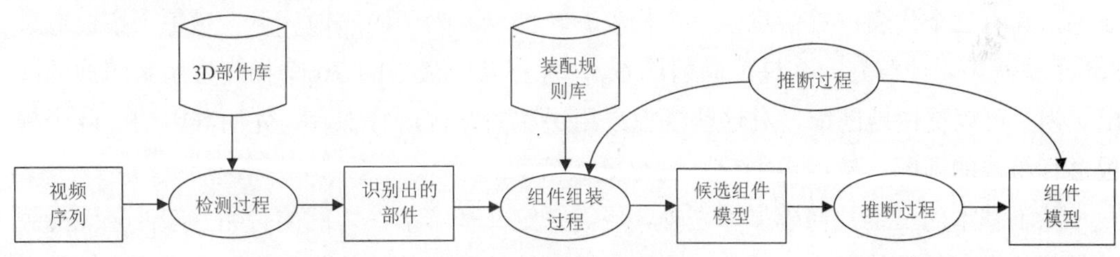

图 5-3　系统总体框架

当一个新的部件进来时，称作为活动部件（active part），首先需要识别出具体是什么部件，可以通过模板匹配的策略来识别物体。由于视频中存在着噪声、遮挡等各种干扰因素，因此在这一步并不是只取概率最大的那个部件作为识别出的部件，而是保留其中概率比较大的几个部件。对每个保留下的部件，都通过装配规则（PIRs）来形成新的组件，由于有很多新的部件，每个部件都可以跟现有组件形成新的不同组件，因此将形成很多新的组件。这些新的候选部件和组件最后通过在线推断的算法来确定最终正确的部件和组件。另外装配规则定义了一组部件之间的连接关系，可以通过方向和位置来具体定义。在视频解析过程中，只需要检测出部件的粗略位置信息，就可以采用 PIR 规则，来生成很多新的组件。这里把这些候选的部件和组件模型编码成树形的数据结构，其中树中不同的路径关联不同的装配过程。在 5.3 节中，将详细描述基于树结构的推断算法、树中每部分的概率值，以及怎样通过在线推断算法获得真正的装配物体。

5.3　基于装配规则的在线推断算法

这节将描述算法的具体实现部分，其基本逻辑为先描述数据库的生成，然后介绍在线推断算法，最后再对推断算法中涉及的技术一一进行阐述。

5.3.1 数据库的创建

在应用具体算法之前，需构建两种不同的数据库，一个为基本部件构成的数据库，用符号 P 来表示，另一个为部件之间的装配规则构成的数据库，用符号 R 表示。三维部件库 P 用来构建不同的组件模型，这些组件其大小、样式都可以不一样，比如，图 5-7 和图 5-11 中，Lego 的两个基本部件可以构成不同的模型。本章采用手工建模的方式对部件进行建模。三维部件几何模型库主要有两个作用：第一，它可以用来识别视频中出现的部件；第二，它可以生成三维组件几何模型。对于第一个问题，可以对部件几何模型渲染出很多不同角度的图片，然后用这些图片在视频中通过卷积的方式，跟视频帧画面进行匹配，最后得到分数最高的那个图片在视频帧画面中的位置即为部件所在的位置。具体为，对每个基本几何部件都渲染出不同的 2D 模板 Θ，通过把三维几何模型放在中心，均匀地在模型周围进行采样。其中每一张渲染出来的图像都对应六个自由度的姿态，其中三个代表位置信息，三个代表旋转信息。为了快速地计算，对每个模板通过 Sobel 滤波预先计算好一张梯度映射图 G_{Θ}，保存其中最强的 20 个梯度值用来随后的匹配。为了可以更快地匹配，对这些模板采用层次的结构进行保存，先用其中的 200 个模板进行粗略的匹配，然后再细化，进行更加精确的匹配。

除了基本的三维几何模型库之外，还需要定义基本部件之间的关系。部件之间的关系是部件本身的自然属性，只是把这种自然属性抽象出具体的几何意义而已，而不是人为任意地指定。至于具体的装配规则，可以通过在三维模型上部件与部件连接处定义粘合点和朝向。对每个部件 P，定义好一些 site 位置，用 S_P 表示，每个部件可能有很多不同的 site 位置。对每个 site 位置定义一个主要的方向 O_S 以及一个粘合点 A_S，两个可以粘贴的部件，其对应的 site 位置具有相同的粘合点。图 5-4 主要描述了两个部件之间的装配规则，部件装配规则定义一对部件 (P_i, P_j) 之间的连接关系，其关系可以用 $R_n = (S_{P_i}, S_{P_j})$ 表示。当两个部件比较靠近时，可以根据规则 R_n 计算两个部件之间的矩阵变换关系。部件之间的规则关系可以人为预先定义好，也可以根据一些现有的方法求得[199-201]。本章采用手动定义的方式预先定义好规则。

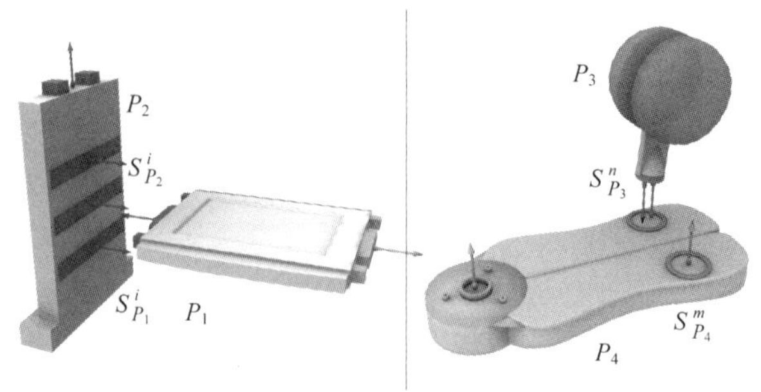

图 5-4 部件之间的装配规则

每个 site 通过一个粘贴面和一个方向确定

5.3.2 在线推断算法

通常情况下，物体装配的实现主要通过在 t 时刻，把部件 P_t 装配到当前装配好的组件 A_{t-1} 上，从而形成新的组件 $A_t = A_{t-1} \oplus P_t$。尽管如此，正确地识别 P_t 以及装配成新的 A_t 都不是一件特别容易的事，因为视频中往往存在着各种噪声和遮挡等情况。

为了可以很好地处理以上视频中存在的问题，提出了一种全新的基于树结构的在线推断算法，该算法结合了部件的识别、组件的生成，以及跟踪等一系列问题。给定一个组件模型 A_{t-1}，在 t 时刻形成新的组件模型 A_t 的概率为

$$p(A_t | A_{t-1}) = p^{\text{det}}(P_t) p^{\oplus}(A_{t-1}, P_t | R_n) p^{\text{track}}(A_t) \tag{5-1}$$

其中，$p^{\text{det}}(P_t)$ 主要指视频帧画面中出现部件 P_t 的概率；$p^{\oplus}$ 主要指部件 P_t 装配到模型 A^{t-1} 上采用装配规则 R_n 的概率；p^{track} 主要指生成新的组件模型 A_t 的概率，其概率值会随着组件模型的跟踪而发生一定的变化。以上各个概率值的计算可以从随后几节得到。

在时刻 t，检测到活动部件（图 5-5 中三角形和五角星），并把它装配到时刻 $t-1$ 的组件模型上（图 5-5 中圆圈）。新的候选组件模型可以通过跟踪来改变其概率值。

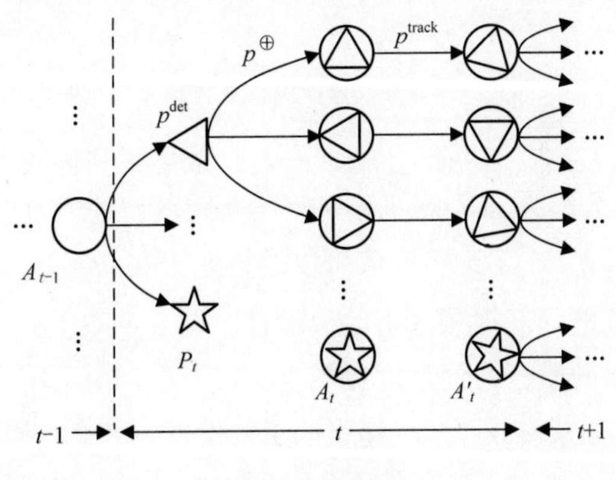

图 5-5　推断树

图 5-6 中，(a) 为用户手遮挡了组件模型，从而导致不正确的组件模型。(b) 为组件模型被修正通过新增加一个部件。

式（5-1）中的条件概率值 $p(A_t | A_{t-1})$ 可以有效地通过树结构的推断算法求解。其树结构如图 5-5 所示。其中树中的结点代表具体的活动部件 P^t 和组件模型 A^t，而树中的边指从一个组件模型生成一个新的组件模型的概率。通过最大化式（5-1）中的条件概率值，可以得到最新的组件模型 A_t。尽管如此，式（5-1）中只是度量了组件单次装配的过程，例如从组件模型 A_{t-1} 到 A_t，这是有一定问题的，因为一旦上一时刻没有正确地估计出组件模型 A_{t-1}，那么从 $(t-1)$ 时刻开始都将形成错误的组件模型，所以这种单次的装配分析过于局部化，在视频分析中很容易出问题。因此，为了有效地避免这种情况，将联合 k 个时刻的装配过程一起来同时求解 $A_t, \cdots, A_{t-k}$：

$$p(A_t,\cdots,A_{t-k})=\prod_{j=0}^{k}p(A_{t-j}\mid A_{t-j-1})p(A_{t-k-1}) \tag{5-2}$$

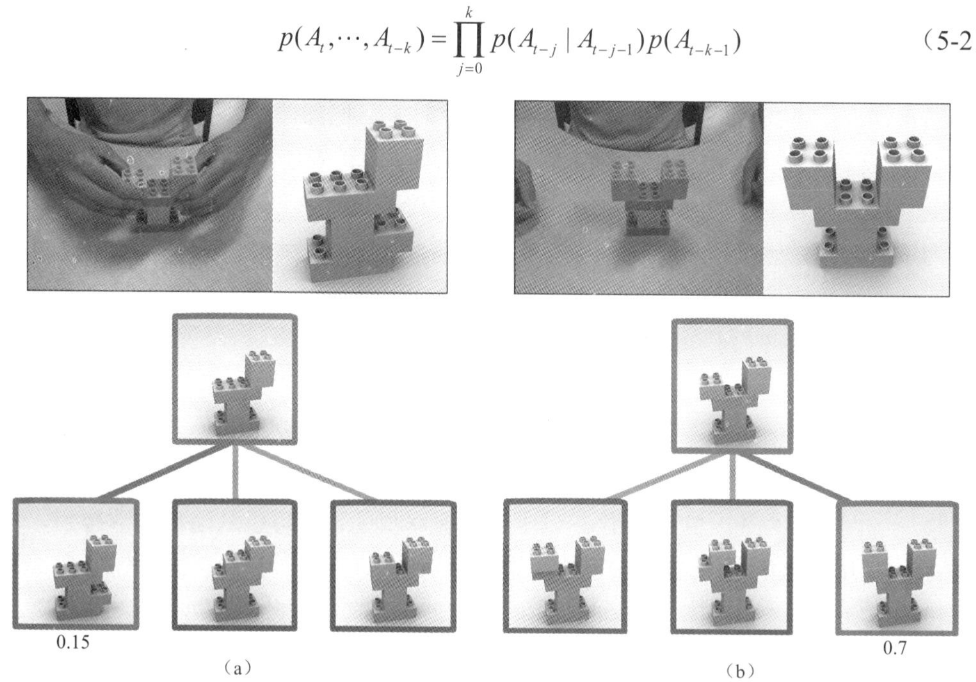

（a）　（b）

图 5-6　组件模糊性分析

式（5-2）扩展式（5-1）主要有两部分：首先，它描述了整体的一个联合概率，从组件模型 A_t 到 A_{t-k}，其可以分解为各个条件概率值以及乘以 $(t-k-1)$ 时刻的 $p(A_{t-k-1})$。其次，对给定的一个组件 $A_{t-i},(i\geqslant 1)$，其概率值可以通过未来 $(t-i+1),\cdots,t$ 的观察数据来修正。毫无疑问，这可以有效地降低视频分析的模糊性。图 5-6 描述基于树结构的推断算法如何有效地解决视频里面的模糊性问题。在图 5-6（a）中，由于用户双手遮挡了装配的模型，因此在这个时刻，系统生成了一个错误的组件模型。尽管如此，当用户新加了一个部件，根据式（5-2）的联合概率，在这个时候，系统修复了前一时刻的错误，如图 5-6（b）所示。

式（5-2）中的最大化其实对应图 5-5 推断树中的最长路径。k 描述了装配过程中我们需要联合的最大装配步骤，如果设 $k=t-1$，那么式（5-2）就变成了一个全局优化的算法，通过分析整个视频过程来生成装配模型。然而，对于在线的视频分析来说，并不需要都从第 1 个部件开始计算，因为可能会累积一些前面的误差。在我们的实验中，设置 $k=5$ 来平衡算法的有效性和稳定性，需要特别指出的是，这里的 k 代表的是从先前时刻到现在时刻的装配过程，而不是从现在时刻往后到未来时刻，因此本章的算法是在线的。

除了限制树中路径的长度以外，对于树中的分支也将进行裁剪。因为当一个活动部件出现在视频帧画面中时，将通过概率 $p^{\det}(P_t)$ 来生成一些不同的候选组件。这些部件都将参与组件的形成，具体为对每一个部件，通过概率 $p^{\oplus}(A_{t-1},P_t\mid R_n)$ 来选择是否需要

用规则 R_n 来生成一个新的组件，对每个新的生成组件，同样采用模板匹配的策略来获得概率 $p^{\text{track}}(A_t)$。因此，如果不对树中的一些枝条进行裁剪的话，基于这种生成方式的推断树很容易因为指数膨胀从而导致空间爆炸，如图 5-5 所示，使得计算成为不可能。对于树的裁剪，叶子结点相比部件结点来说，相对要保守些，因为叶子节点包含更多的信息。同样，当越来越多的部件形成组件时，这些部件所形成的整体也将减少搜索空间。具体为新来的部件以及它们的 PIRs 将减少检测的歧义性以及组件模型变得越来越复杂使其具有分辨性，图 5-2 中，那些概率比较小的装配模型将被剪去。

在线推断算法涉及的概率计算主要由三部分组成：①活动部件识别过程；②基于 PIRs 的装配过程；③组件跟踪过程。在每一个状态过程中，都将产生式（5-1）中的一个概率值，以下三节将分别描述这三部分。

5.3.3 活动部件识别算法

系统只需要普通的摄像头作为输入数据即可，因此得到的视频数据可能包含各种噪声、光照变化和遮挡等。在底层的视频分析中，只需要粗略地识别出新进视频的部件及其姿态即可，而不需要对活动部件进行跟踪，这是因为活动部件的跟踪一来比较困难，二来也不必要，这一步并不需要得到活动部件在视频帧画面中的轨迹路径。

给定一个帧画面 I，可以通过模板匹配的策略来识别部件。具体为通过实时的 Line2D 方法（DOT 操作）[198]。Line2D 基本上是目前世界上最好的 3D 实例检测算法，它可以同时得到物体的标签和姿态值。对每一帧画面 I，通过 Sobel 滤波来计算其梯度响应图 G_I，然后把部件三维模板库里预先生成好的模板梯度响应图 G_Θ 与视频帧画面的梯度响应图 G_I 进行卷积操作，其过程可以简单地描述成

$$\Phi(I,\Theta,c)=\text{dot}(G_I,G_\Theta,c) \tag{5-3}$$

其中，c 代表图像的像素位置；$\text{dot}(\bullet)$ 表示模板与图像之间的度量函数，其具体含义可以参见参考文献[198]。部件的所有模板 $\Theta_0,\Theta_1,\cdots,\Theta_n$ 都将跟图像 I 进行以上操作，最终得到的部件在图像中的位置为所有模板中，分数最高的那个模板所在的图像位置 c' 中，同时需要最高分数要大于阈值 ε=0.8k，如下所示：

$$c'=\underset{c}{\text{argmax}}\{\Phi(I,\Theta,c)>\varepsilon\} \tag{5-4}$$

最高分数大于阈值是为了防止图像中没有部件时不至于也能检测出物体来。为了加速以上过程，可以采用层次化的思路对图像进行模板扫图，先用粗粒度的模板进行扫图，再进一步细化具体的位置。当得到物体在图像中的位置后，可以把检测分数当成该部件的概率值，具体为

$$p^{\det}(P_t)\propto\Phi(I,\Theta_{P_t},c') \tag{5-5}$$

一般而言，检测算法并不能保证 100%的检测到想要的目标，也就是说分数最大的那个模板所对应的物体并一定是真正视频中的物体，因此在这一步，并不是只取最大的那个

模板所对应的物体，而是取其中比较大的几个物体作为候选，然后通过随后的推断算法再进行优化得出最终的物体。

当通过 Line2D 算法得到物体在图像中的二维位置后，可以进一步推断出物体的空间三维位置，这是因为每张模板都对应该物体的一个姿态，可以直接从模板中获取物体的旋转变量和深度变量 z，而对物体在空间的平移变量 x 和 y 可以通过以下公式求得

$$x=\frac{z}{f_x}(u-c_x), y=\frac{z}{f_y}(v-c_y) \tag{5-6}$$

其中，u 和 v 分布对应物体在图像中的水平和垂直位置；f_x 和 f_y 是相机的在 x 方向和 y 方向上的焦距大小；c_x 和 c_y 是相机的中心点位置。

5.3.4 组件装配算法

当一个新的部件 P_t 接近装配物体 A_{t-1} 时，可以搜索部件的装配规则以确定该部件应该装配到组件哪个位置上，然后通过变换矩阵把部件装配到模型上，从而生成新的装配模型 A_t，这个过程是三维几何操作。

图 5-7 中，在没有应用 PIRs 之前，当从正面看时，活动部件跟组件模型装配得很好（右上图），但从其他角度（左下图），部件跟组件是分开的。在应用 PIRs 之后，活动部件可以跟组件模型很好地装配在一起（右下图）。

图 5-7 基于 PIRs 的装配

应用物体的装配规则总体来说有两方面的好处：第一，有了规则，可以通过特定的变换矩阵（第 2.1 节中的刚体变换矩阵）把部件变换到组件模型上。本质上来说，装配规则其实离散化了物体的运动空间。比如，在图 5-7 中，通过底层的检测算法得到的物体尽管从视频正面上看，其部件跟组件是粘贴在一起的，但当从另一个角度上看的时候，

部件跟装配是分开的，而通过装配规则 PIRs，此时部件可以很好地装配到组件模型上，但若没有装配规则，只是通过几何分析把部件粘贴到装配模型合适的位置上是比较复杂的，也不可靠；第二，通过装配规则形成的三维模型，可以作为一个整体重新估计过去组件模型的概率，从而增强概率的计算。因此，即使一个检测概率比较小的部件，却可能产生一个概率比较高的组件模型（比如有遮挡等情况），而一个检测概率比较大的部件，却生成一个概率比较小的组件模型（图 5-6）。

当一个活动部件 P_t 进来视频帧画面时，首先判断其任意一个装配 site（表示成 S_{P_t}），与部件 site（表示成 S_{P_a}）之间的距离：$\| S_{P_t} - S_{P_a} \|_2 < r$，其中 $P_a \in A_{t-1}$，可以通过在图像空间域进行距离的度量（通过判断部件与组件之间的包围合距离，r 为 5 个像素的距离）。如果距离小于给定的阈值，那么再对每一对部件与组件的 sites，通过查询 PIRs 库判断其是否可以装配在一起，若可以，则生成一个变换矩阵 $\boldsymbol{T}_{R_n}(P_t)$ 来对齐部件 site 的 S_{P_t} 到组件的 S_{P_a} 中，然后生成一个全新的三维模型 A_t。一旦部件装配到组件上去，其相应的 sites 将在后续的装配过程不再可用。组件装配概率 $p^{\oplus}(A_{t-1}, P_t \mid R_n)$ 可以通过 site 之间的距离以及变换矩阵的代价来定义，具体为

$$p^{\oplus}(A_{t-1}, P_t \mid R_n) = \exp(-\beta \| S_{P_t} - S_{P_a} \|_2) p(\boldsymbol{T}_{R_n}) \tag{5-7}$$

其中，$p(\boldsymbol{T}_{R_n})$ 度量了选择规则 R_n 的先验值，可以假设在所有的装配过程中是固定的，可以舍弃这一项，因此 $p^{\oplus}(A_{t-1}, P_t \mid R_n)$ 主要通过部件 site 与组件 site 之间的距离来确定。

5.3.5 组件跟踪算法

对一个新生成的组件模型 A_t，为了计算其概率值，可以跟活动部件识别算法一样，通过 Line2D 方法来求解。具体地，可以投影组件三维模型 A_t 到二维平面上，然后计算其梯度响应图，然后通过 DOT 操作对图像进行卷积操作，得到最大的值为其概率值。这里需要特别说明的是，因为组件模型 A_t 会进行在线的跟踪，因此，在这一步，只需要投影生成组件模型 A_t 的那个视图即可，而不需要所有视图。其概率值度量了新生成的组件模型 A_t 跟图像物体的相似度，具体为

$$p^{\text{track}}(A_t) \propto \Phi(I, A_t^{\text{prj}}, c) \tag{5-8}$$

其中，A_t^{prj} 是组件模型 A_t 的模板；c 是相应的图像匹配位置。当用户装配物体后，很可能会移动物体，因此，需要对组件模型进行跟踪，以实时地得到其空间三维位置。我们采用了一种混合的跟踪检测结合的方法来实现组件模型的跟踪。同时，组件跟踪概率值 $p^{\text{track}}(A_t)$ 也会跟着组件模型的移动而发生改变。

假设已经得到了一个合法的组件模型，将采用第 4 章描述的目标三维跟踪算法来跟踪组件模型。虽然前一章提出的三维目标跟踪算法具有很好的鲁棒性，但毕竟只是基于帧跟帧之间的推断算法，因此不能解决物体大面积遮挡，或者物体移动速度很快，亦或者物体移出帧画面，再重新进入帧画面等情况的跟踪。因此，在本章中，将采用跟踪与检测结合的策略来解决以上问题。回顾 5.3.3 节中，Line2D 方法可以很好地估计物体的

三维姿态，因此其可以认为是三维目标检测算法。然而，Line2D 方法有一个先验条件，即要预先离线渲染好需要检测物体的模板信息，而新的组件模型是在线生成的，其三维几何模型预先是不能完全确定的。因此，为了使 Line2D 方法可以使用，可以在线地生成一些装配模型的模板。在线生成模型是非常耗时的，不能像离线渲染模板一样，对每个物体渲染出 1000 张模板。为了加速，这里只需要渲染那些物体最可能在图像中的摆放位置即可，在实验过程中，渲染了 100 张模板。当跟踪一旦失败后，立即启用 Line2D 方法重新检测物体在图像中的位置，待找到物体后，又重新开启三维目标跟踪算法，而结束 Line2D 方法。图 5-8 显示了当应用本章的跟踪检测算法时，系统可以鲁棒地跟踪组件模型，相反，只是采用跟踪的算法，系统很容易失败。

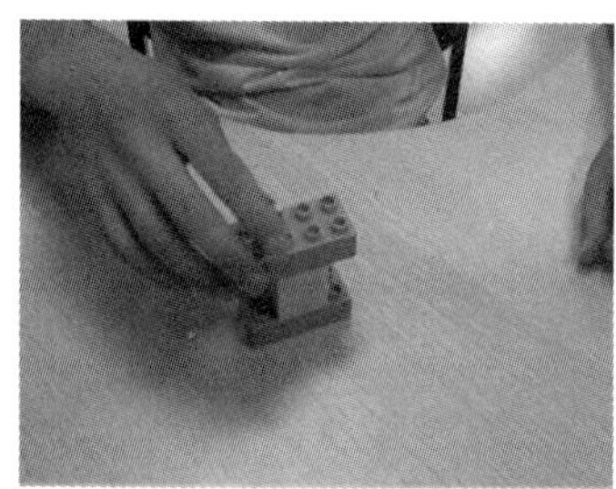

（a）当用户的手遮挡住物体时

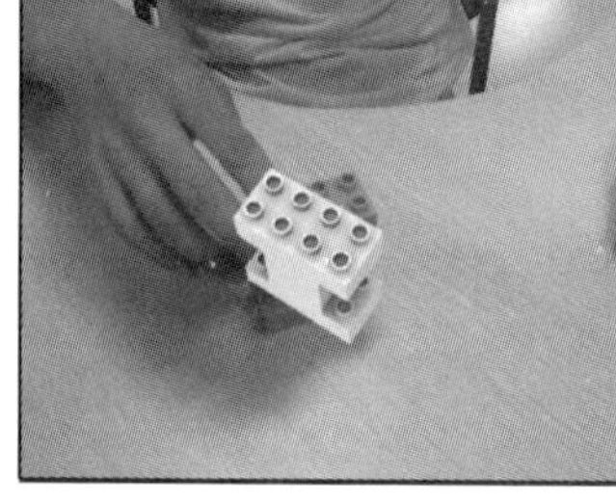

（b）如果只单纯用三维跟踪算法，那么很容易发生漂移

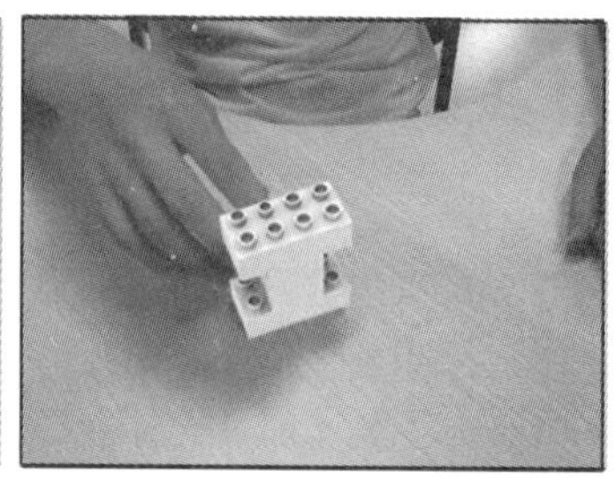

（c）本章的跟踪检测结合策略可以很好地跟踪物体

图 5-8 组件跟踪结果

在执行跟踪的过程中，$p^{\text{track}}(A_t)$ 也随时跟着变化，因此取跟踪过程中，组件模型 A_t 概率最大的那个作为最终的 p^{track} 值，具体为：$p^{\text{track}}(A_t')=\max\{p^{\text{track}}(A_t)\,|\,t\}$。本质上以上过程描述了组件在各个不同角度下跟图像的匹配值，而不仅仅像最开始，只是用其中生成组件模型的那个视图进行图像匹配，从而解决了单个视图下的一些模糊性问题。

5.4 实验结果和讨论

为了验证本章算法的有效性，选择了 7 个不同的视频装配序列，这些视频序列既有比较简单的，也有比较难的，同时视频中装配物体的种类和个数也都不一样。实验环境设置得很简单，只需要一台计算机外加一个普通的网络摄像头即可。除了直接通过网络摄像头拍摄的视频数据进行在线处理外，也可以先用网络摄像头拍摄下装配过程，然后再处理视频数据。

当然，除了计算机和网络摄像头以外，还需要预先准备一些数据库，这些数据库包括用户需要装配的三维部件几何库以及部件之间的装配规则库。对于部件的三维几何模型，通过手工的方式，用 Maya 对其进行建模。

这里需要指出的是，不管是直接通过摄像头进行装配操作还是通过摄像头拍摄下来的视频进行分析，本章的算法都是在线的，也就是说不管在哪个时刻，都不会用到后面视频帧的信息。本章的实验环境为 Intel i5-3470 CPU 3.2GHz，8GB RAM 和 Windows 8 的操作系统。表 5-1 列出了所有装配视频的具体信息，包括装配规则、物体个数和视频时长等。

表 5-1 本章所用的装配视频数据

装配物体	部件总个数	视频时长	装配规则数	用户视角
三轮车（图 5-2）	7	118s	5	第一视角
乐高玩具（图 5-6）	13	127s	1	第一视角
椅子（图 5-11）	6	60s	2	第一视角
乐高房屋（图 5-12）	14	150s	11	第一视角
乐高机器人（图 5-13）	7	135s	5	第一视角
小火车（图 5-9）	5	100s	4	第三视角
厨房（图 5-14）	6	216s	4	第三视角

图 5-2 展示了装配三轮车的分析过程。当一个部件进入场景时，部件检测算法会检测到该物体，然后当部件接近装配物体时，它会触发装配过程，通过搜索数据库里的装配规则，生成一些候选的组件模型，这些组件模型生成新的推断树。由于装配过程中存在着一些遮挡等情况，因此当在检测三轮车后轮的时候（中间左边图），产生了一些模糊性，系统将生成两个候选模型，分别对应搜索树中的两个分支，每条分支对应一个概率值。当又增加了一个新的部件模型进来（中间右边图），模糊性问题自然消失了，此时搜索树中的右侧路径就被剪掉了，只留下左侧路径（右边图）。

图 5-9 展示了直接处理 YouTube 上下载下来的一段视频，这是关于一段用户装配一辆木头小火车的过程。因为没有部件的实体模型，因此在建模的时候，只能对着视频进行粗略的建模。尽管如此，本章的算法仍然很好地还原和分析了整个装配过程。从图中可以看出，当部件不断地装配在一起时，不正确的装配方式（图中右侧路径）最终会随着部件的增多以及违反部件之间的装配规则而被最终剪去。

特别需要指出的是，在解析视频的时候，其实不需要物体的装配顺序是知道的。只需定义一些部件之间的装配规则，并没有对部件之间的装配顺序也一并定义好，即使当用户预先定义好了装配顺序，然后在指导用户装配的过程中，在解析的时候，也是独立组织顺序的，只是分析得出的装配模型会跟预先定义好的组件模型进行对比，来判断当前用户是装配对了，还是装配错了。基于树结构的在线推断算法其实可以看成一个全局的装配分析过程，用户通过装配更多的部件来反推前面可能的装配错误。在这种方式下，装配规则不断地缩小整个装配过程的搜索空间，使得结果不断往正确的方向推进。

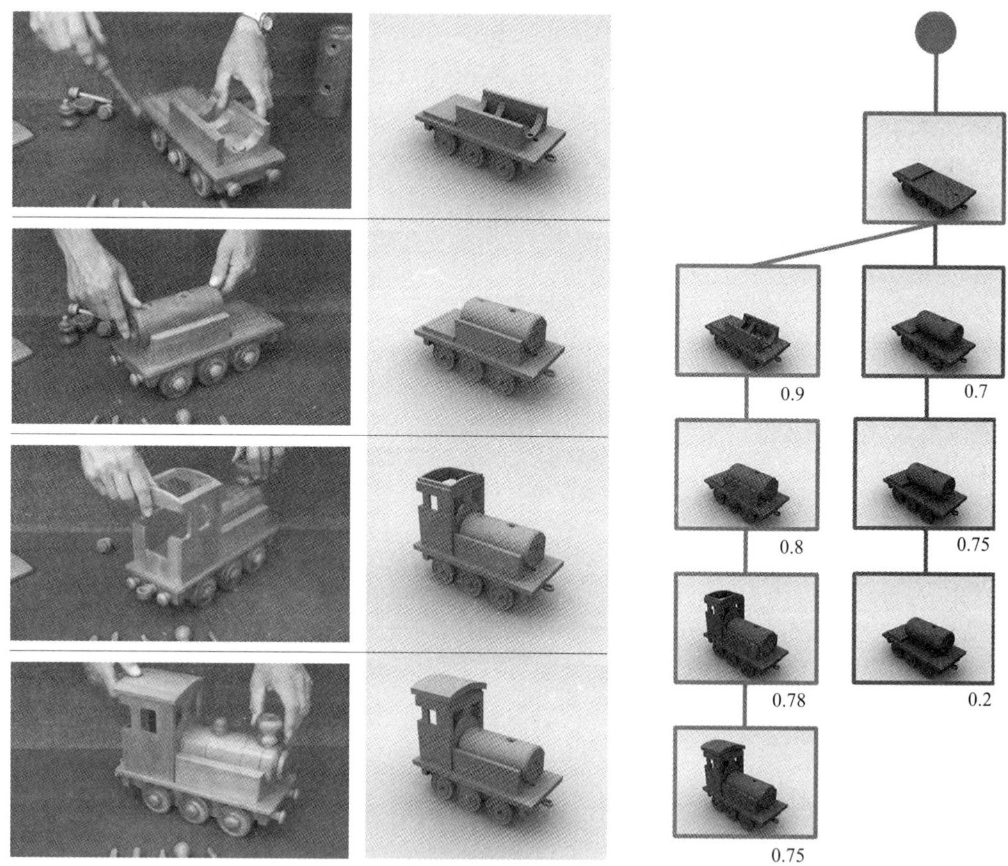

（a）YouTube 上装配的视频帧画面　（b）生成的三维装配模型，其中左侧为当前步骤新加的活动部件　（c）装配过程中的树结构，右侧路径显示了不正确的装配方式（被剪掉）

图 5-9　基于 YouTube 视频的木头小火车装配分析

5.4.1　装配指导

显而易见的一个应用就是通过解析装配过程，从而可以反过来指导用户装配。在这种情况下，系统将跟踪整个用户的装配动作，然后给用户提供在线的反馈，反馈其是否装配正确以及下一步应该往哪装配等。

为了可以指导用户装配，除了定义部件的三维模型和其装配规则以外，还需要额外地增加需要装配物体的装配顺序。同样，这个顺序也保存在预先定义的数据库里。装配顺序的定义同装配规则一样，都可以很方便地完成。可以直接定义一条路径或者多条路径来描述装配顺序，若只有一条路径，每次只能按照顺序一步一步地装配，若有多条路径，那么在装配的过程中就可以在某些时刻选择不同的路径来进行装配。在装配过程中，若用户装配出来的模型和系统定义的模型不一样，系统将会给用户一个提示，指导用户需要重新装配该物体，直到用户完全装配对了该物体。如图 5-10 所示，当用户把两块 Lego 模型装错位置后[图 5-10（a）]，系统发现用户装配错了，系统回溯到用户没有装

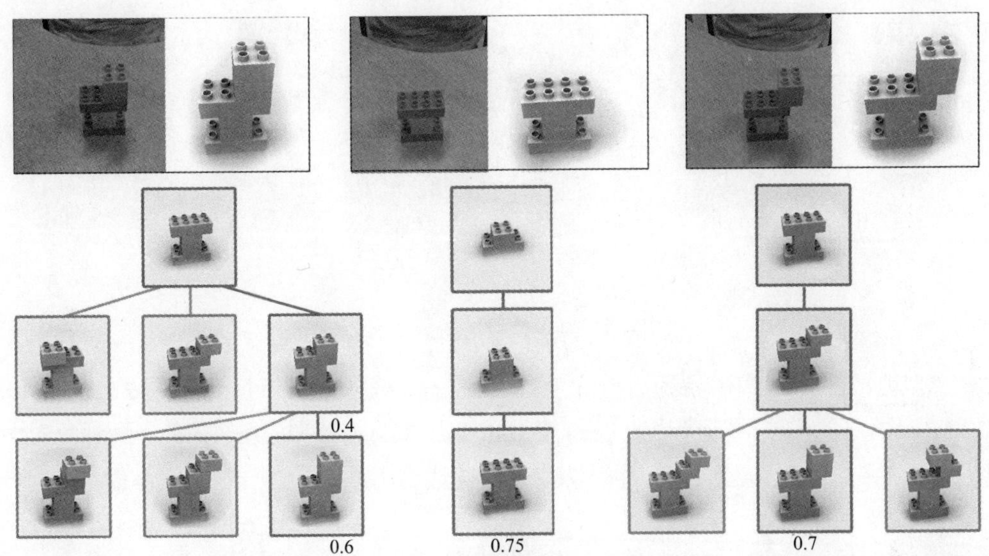

（a）用户放错了 Lego 模型的位置　（b）系统发现用户装配错了，退回用户没有装配错的地方，提示用户从那重新开始装　（c）用户重新装对了地方

图 5-10　装配过程中的反馈分析

配错的地方[图 5-10（b）]，然后让用户重新装配该步骤，直到正确为止[图 5-10（c）]。这里需要特别指出的是，由于系统本身是通过一种全局的策略来分析装配过程，因此在有些步骤，即使用户装配错了，系统也不一定立即就发现问题，而是等用户再多装了几个物体后，系统才能很肯定地判断出用户确实装错了，此时才反馈给用户，让用户从开始装错的地方重新开始装。

当一个活动部件接近组件模型时，系统搜索装配规则来生成一些新的候选组件模型（每个图右边的树的结点），视频分析中产生的模糊性[图 5-11（c）中椅子腿]，可以通过增加更多的部件来修正[图 5-11（d）]。每个图的左小角为生成的三维几何装配模型，可以用来指导用户装配。

图 5-11 中，分析了一个相对简单一点的装配过程。用户装配一个 IKEA 的椅子，椅子包括一个椅子背、一个椅子底座以及四个椅子腿。虽然椅子看起来很简单，但实际分析过程中，椅子的各个部件还是很容易跟背景产生一些混淆，这在一定程度上，对物体的识别以及跟踪提出了一些挑战。另外，椅子的四条腿都是一样的，因此在装配过程中，通过搜索数据库里的装配规则时，所产生的候选装配模型是一样的，这也带来很多的模糊性。系统的搜索树保存了多个不同的候选装配模型，最后选择了概率最高的那条路径，如图 5-11（d）所示。

图 5-11（a）和图 5-11（c）显示用户装配错了，图 5-11（b）和图 5-11（d）显示用户重新装配对的结果（可以通过图中的路径看出）。

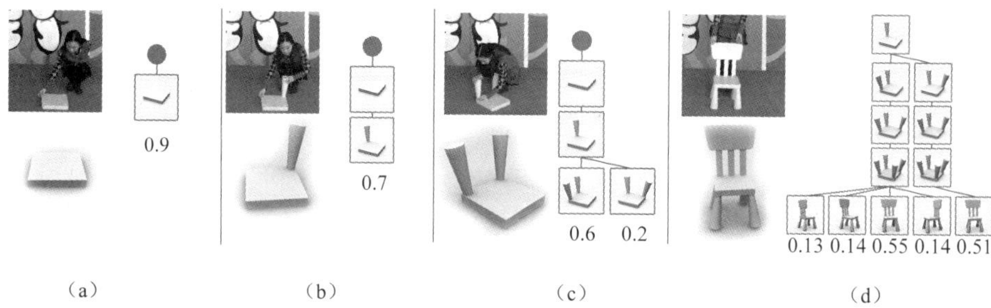

图 5-11　基于视频的椅子装配分析

类似地，在图 5-12 中，展示了一个女孩装配 Lego 房屋模型的过程。在图 5-12（a）和图 5-12（c）中，当女孩把屋顶旁边的 Lego 模型和屋顶的 Lego 模型放在错误的一边时，系统分析出问题，并提示女孩重新装配，直到其完全装配成功，如图 5-12（b）和图 5-12（d）所示。

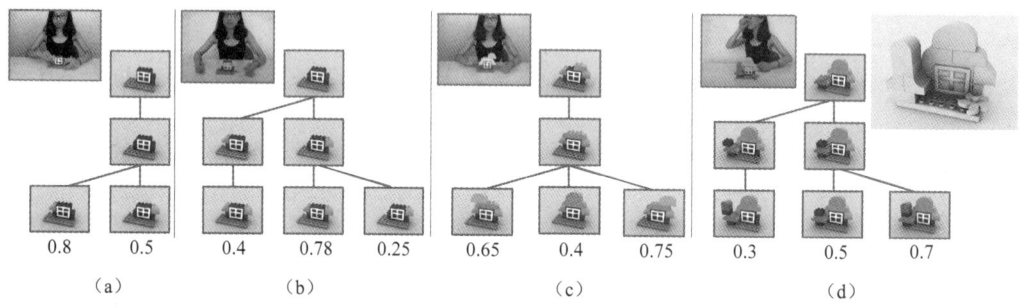

图 5-12　基于视频的 Lego 房屋装配分析

图中显示了用户装配一个复杂机器人的过程，系统可以产生几个不同角度的三维几何模型，从而可以更好地辅助用户装配。

在图 5-13 中，显示了一个更加复杂的装配过程，装配一个 Lego 机器人。系统可以正确地判断用户的装配动作，并提示用户下一时刻需要装配的部件和位置等信息，同时给用户反馈装配的对错等。

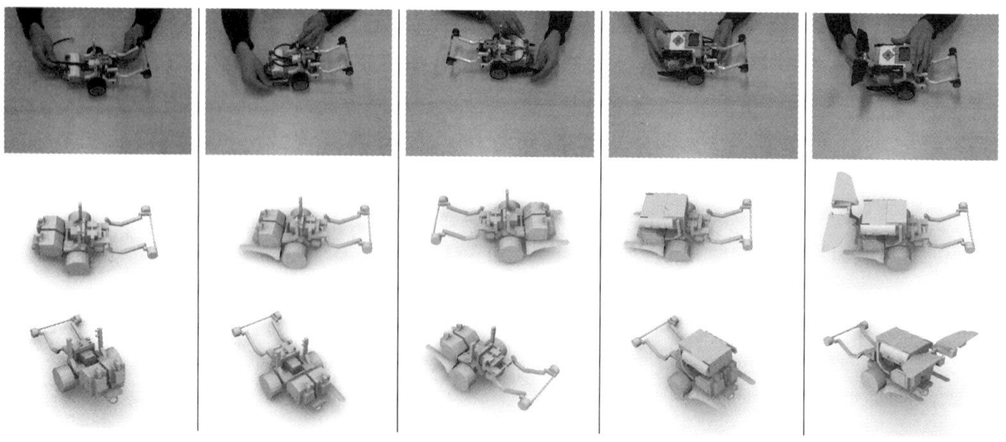

图 5-13　基于视频的 Lego 机器人装配分析

5.4.2　三维动画和标注的生成

另外一个有趣的应用是系统可以自动地生成三维装配的动画，并给出一些标注信息。这些三维动画和标注在装配过程中也是非常有用的。可以设想一下，当用户在装配一个部件到现有模型上时，比如 Lego 机器人，如果两个物体之间的插槽比较小或者比较复杂时，在这种情况下，如果只是从摄像头第一视角获得的画面去分析辅助用户装配则会比较困难，用户很难准确地装配对部件。但是若系统可以生成很多不同角度、不同大小的装配过程动画，那么用户就可以观察这些动画来实现快速准确的装配，这些都可以大大提高系统的实用性。图 5-13、图 5-14 显示了一个简单的例子。

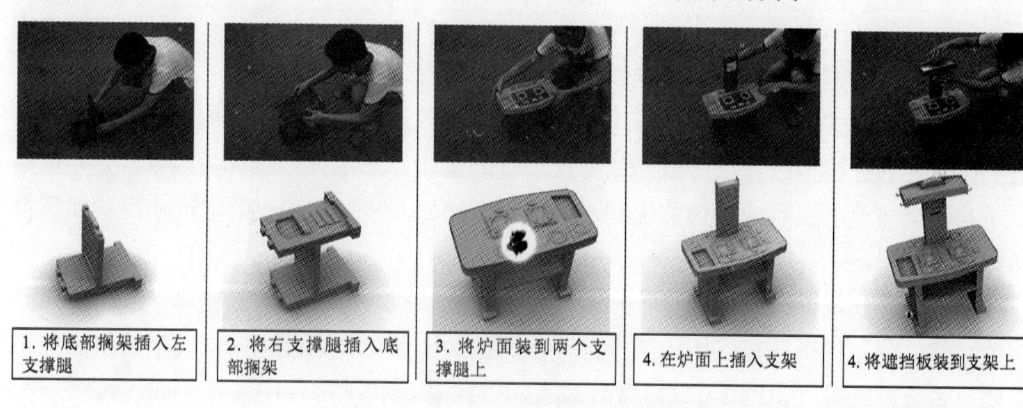

图 5-14　基于视频的厨房装配过程

除此之外，三维动画在数字娱乐方面也有很大的用处。还可以设想我们的问题并不是去实现装配物体，而仅仅为了娱乐，比如在游戏中，用户不再使用鼠标和键盘来控制，而是通过用户的装配交互来控制，毫无疑问，三维动画在连接虚拟世界和真实世界中起到了一个很好的桥梁作用。

5.4.3　局限性

虽然在很多情况下，本章提出的系统工作得很好，但也还存在着一些问题，比如本章的系统还不能很好地区分那些比较细小的物体。这是因为就目前的识别水平来说，当用户拿着一个物体的时候，往往会有一些手的遮挡等情况，这给目前的识别算法带了一些困难。随着深度学习（deep learning）[202]这几年的发展，有理由相信，在不久的将来，这个问题一定可以得到很好的解决。另外，虽然本章提出的装配规则从一定程度上解决了一些模糊性的问题，但对一些具有对称结构的物体，在判断的时候还是存在着一些问题。还有，目前定义的装配规则都是离散的，也就是说，物体只能装配到一个确定的位置上，而不能在一个轴上自由滑动地装配，当然，如何在这种装配物体上定义规则，也是一个值得研究的课题。最后想说的是，尽管本章的系统可以解决一些问题，比如模糊性和用户的反馈等，但总体来说，基于视频的装配解析还是非常困难的，里面涉及的技术都是一些视觉基本的问题，不管怎样，随着这几年视觉技术的发展，这些技术都慢慢能够解决，最终基于视频的装配解析技术将变得更为实用。

5.5 本章小结

本章提出了一种基于装配规则的物体装配解析技术，可以用来指导用户装配物体。其核心思想为基于树结构的在线推断算法结合底层的视频分析和高层的装配规则。通过装配规则约束，使得在装配过程中，物体之间的装配搜索空间大大减少，从而把一个复杂的连续几何分析问题变成一个简单的离散三维枚举验证问题。在装配过程中，并不立即判断单个部件的识别结果，而是通过部件与部件之间的组合来加强单个部件可能造成的一些模糊性问题，通过整体的推断过程减少单个部件的识别误差。

通过这种方式，可以利用比较丰富的信息，有效地解决一些视频中的模糊性问题。基于树结构的在线推断算法可以降低部件识别的错误率和组件跟踪的失败率。另外也显示了其他一些基于视频的物体装配解析的应用，比如，装配过程中的三维动画、视频自动标注等。

至于预先建模好的三维模型，并不需要三维模型跟实际物体非常精确，只需要在一些关键部位比较精确即可，比如两个部件之间的装配部位。因此，三维模型的生成并不需要很多额外的时间，比如可以用微软的 Kinect 来快速实现部件的三维生成。除此之外，还需要提供部件之间的装配规则，这些规则可以通过几何分析的手段获得，比如一些对称性、重复性等，亦或者用户可以直接定义部件之间的装配规则。

在未来，除了考虑视频信息外，还可能会考虑一下深度的信息，以及在装配的过程中对部件进行建模，而不是预先建模。部件的检测、重建以及它们之间的交互可以通过迭代和优化的方法获得，从而可以使用本章的方法处理任意视频，而不是目前简单的摄像头数据。这将会很有用，因为目前像 YouTube 等视频网站每天都有大量的视频上传，其中也包括装配视频，若能自动地分析这些装配视频，毫无疑问对理解这些视频是非常有用的。另外也可以考虑把本章的方法跟增强现实或虚拟现实进行结合，比如 Oculus Rift 等，从而获得更大的应用价值。

第 6 章　基于分层模型的人体行为识别

随着商用深度相机的出现和发展，基于三维骨架序列的行为识别变得越来越流行。因为基于三维骨架序列的行为识别拥有稳定数量且意义明确的三维连接点，所以和传统基于视频的方法相比，该算法更稳定、更鲁棒。然而，基于骨架的行为识别也存在很大的挑战性，这是由于类内差异性和类间相似性的存在，仅仅使用一个分类器分类所有特征很难保证识别效果。本书提出了一个分层模型来解决这类问题，首先，根据人体各个部位的运动情况，将所有的行为分成若干组，然后在每个组里用各自训练好的 SVM 分类模型对测试数据进行分类。为了消除特征在时间上的动态性，使用傅里叶时间金字塔提取频率信息作为最终的分类特征。一个基于 Kinect 获取的骨架数据库被用来测试该方法，和之前的方法相比，本章提出的方法能够获得更高的识别率。

6.1　问题及方法概述

在计算机视觉和人工智能领域中，人体行为识别作为一项关键技术，变得越来越重要。同时，在许多应用领域中也起到了核心作用，例如视频监控，人机交互、视频提取、运动分析等，虽然这些年取得了很大的进展，但仍是一个尚未完全解决的问题。

在 Kinect 等一些商用深度相机出现以前，绝大部分行为识别方法是基于视频序列的。这些方法主要关注于如何从视频序列中提取判定力强的描述符来表示行为。因此，根据描述符的特点，可以把这些方法可以分为两大类：基于全局描述符的算法[203,204]和基于局部描述符的算法[205,206]，这两类方法各有自己的优缺点。首先全局描述符提供了更多的分类细节，但是它们对噪声、视点不同和遮挡等问题更敏感，另外，需要准确地定位和跟踪人体；相比较而言，局部描述符是一个更好的选择，它仅仅需要检测时空兴趣点和计算兴趣点周围的局部特征，因此，对噪声和部分遮挡更稳定，同时不要求准确地分割和跟踪。

Laptev 等[205]使用局部描述符表示行为。他们把二维图像中 Harris 角点检测器扩展成三维模型，用 STIP 检测时空兴趣点，同时使用一些特征描述符，例如 HOG3D[207]、ESURF[208]和 HOG/HOF[209]提取这些兴趣点周围的局部特征。基于局部描述符的方法存在一个很大的缺陷，检测到的兴趣点的数量极大地依赖于人体的外表和尺寸，因此在某些情况下，兴趣点数量不足的问题极大地影响行为的识别率。

为了解决兴趣点不足的问题，Matikainen 等[206]使用另一个局部描述符来描述人体行为。他们使用 KLT 跟踪器在整个视频序列上检测和跟踪兴趣点，从而获得大量用于分类的轨迹特征。尽管这个方法能够增加特征的数目，但是也存在一些其他问题：第一，许多兴趣点可能落入背景中，这些兴趣点不仅对识别没有帮助，而且会干扰整个识别过程；第二，在一些关键的人体区域，比如胳膊、腿，很难检测到兴趣点；第三，有时候运动太快，产生运动模糊，KLT 难以跟踪兴趣点，也就不会产生轨迹特征。

到目前为止，基于原始视频序列的人体行为识别仍然是非常困难的。Shotton 等[20]提出一种相当有效的人体运动捕捉技术，它能够利用人体的深度图准确地计算出人体骨架连接点的三维位置信息，相比较而言，基于骨架连接点的行为识别方法更鲁棒，识别率更高。对于第一个版本的 Kinect 来讲，使用微软提供的提取框架，每一帧能够提取 20 个三维关节点；使用 OpenNI 提取框架，每一帧能够提取 15 个三维关节点。数目稳定且意义明确的关节点对于后期特征提取和特征选择都尤为重要。使用三维骨架连接点，能够更好地解决人体关键部位兴趣点缺失的问题。每一帧得到骨架连接点的数目相同，这样就能更容易地提取相同维度的帧特征，便于后期分类处理。另外，因为 Kinect 使用深度信息提取骨架关节点，所以复杂的场景不会对提取造成干扰。

Wang 等[171]使用骨架点的相对位置和深度图作为分类特征，尽管该方法的识别率很高，但是却极大地依赖于交互物体深度图的质量、形状和大小，这就严重影响了此方法的实用性。同时由于硬件设备的限制，深度图经常包含很多噪声，也会影响识别率。

本章提出了一个用于人体行为识别的分层模型，图 6-1 给出了分层模型的基本流程。之所以提出这一分层模型，是因为和仅使用一个分类器分类所有特征这类方法相比，通过分层结构把行为类别分成许多小组，能够减小分类器的作用空间和分类的类别，从而有效地提高识别率，尽管第一层的分类是简单的，但是能够把识别问题分成更容易解决的子问题。很多行为存在着重复性和不完整性，本章使用傅里叶时间金字塔，对轨迹序列提取频率信息用于分类，来解决这一问题。

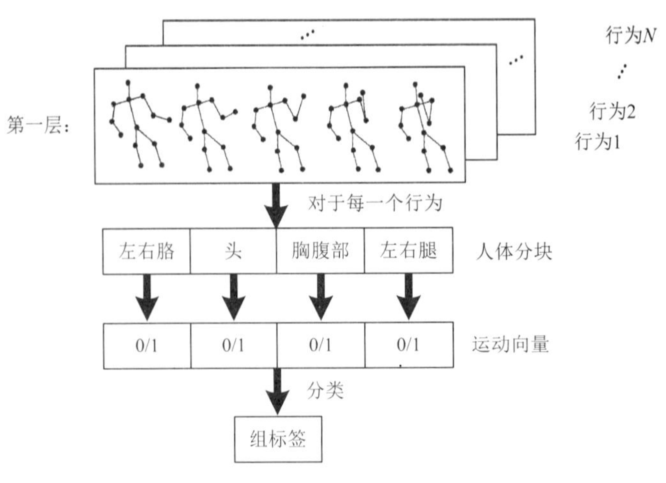

图 6-1 算法流程图

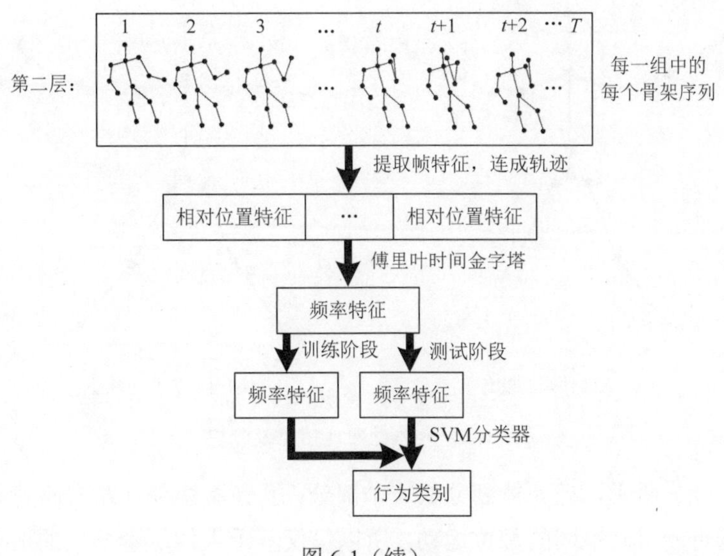

图 6-1（续）

6.2 节简单介绍了分层模型的主要构造和分层的依据；6.3 节介绍了分类特征。首先介绍了基于帧的相对位置特征，然后对帧特征连成的轨迹序列使用傅里叶时间金字塔提取频率特征；6.4 节给出实验结果；最后 6.5 节总结本章内容。

6.2 分层模型

图 6-1 展示分层模型的整个流程。在第一层中，基于人体部位运动情况，把输入的行为分为若干小组，每个小组里包含一个或者多个行为；在第二层中，在每个小组里，对每个骨架序列提取特征，用傅里叶时间金字塔提取频率信息作为最终的分类特征，最后用 SVM 分类器进行分类。分层模型应用于行为识别的训练阶段和测试阶段。

在训练阶段，首先依据人体不同分块的运动情况，把训练集中的每个行为分成若干小组。然后在每个组中，对每个行为骨架序列中的每一帧提取相对位置特征，把所有帧特征连成轨迹，最后用各向异性扩散滤波器平滑轨迹，用傅里叶时间金字塔提取频率信息，生成最终的分类特征，根据特征和对应的行为标签，训练 SVM 分类器。

测试阶段类似于训练阶段，对被测试的骨架序列，首先也是根据人体不同分块的运动情况，给出组标签，然后提取时空分类特征，根据对应组中已训练的 SVM 进行分类。

以上简单介绍行为识别的整个流程，下面将详细分析各个分过程。

对于每个骨架序列，使用人体运动捕捉技术[20]和微软的骨架提取框架，能够在每一帧中获取 20 个骨架连接点，如图 6-2（a）所示。每个连接点可以用它的三维坐标来表示：

$$\boldsymbol{p}_i^t = (x_i(t), y_i(t), z_i(t)),\ \ i = 1, \cdots, 20$$

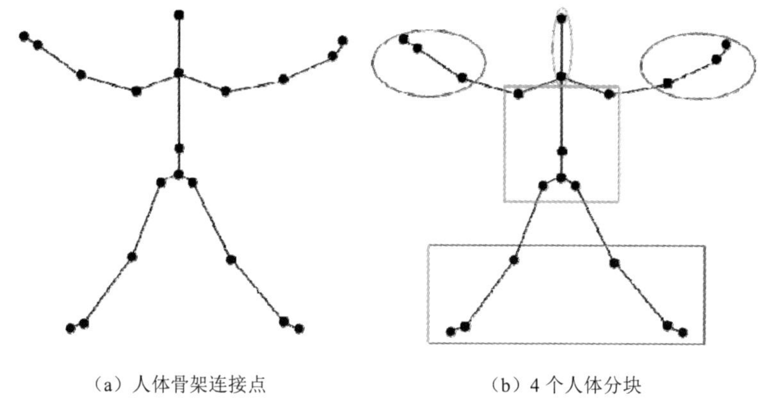

（a）人体骨架连接点　　（b）4 个人体分块

图 6-2　人体骨架连接点及分块

如图 6-2（b）所示，把人体划分成 4 个部分：头，胸腹部，左右胳膊和左右腿。因为不同的行为可能引起不同的部位运动，所以仅仅基于人体每个分块的运动情况，粗略地把行为分成若干组。为了这个目标，首先计算人体各个分块 j 的方差：

$$e_j = \sum_{i \in N_j} \text{var}(\boldsymbol{P}_{i,j}) \tag{6-1}$$

其中，$\boldsymbol{P}_{i,j} = \{\boldsymbol{p}_i^1, \boldsymbol{p}_i^2, \cdots, \boldsymbol{p}_i^t\}$；$N_j$ 表示第 j 个人体分块中骨架连接点的集合，$i \in N_j$。

通过计算人体每个分块连接点的方差，能够判定每个分块的运动状态：

$$c_j = \begin{cases} 1, & e_j > \tau \\ 0, & \text{其他} \end{cases} \tag{6-2}$$

其中，τ 表示方差阈值，大于 τ 表示人体对应块运动，用 1 来表示；小于等于 τ 表示人体对应块静止，用 0 来表示。每个骨架序列都有自己的运动向量：(c_1, c_2, c_3, c_4)，它是一个用于表示人体运动情况的 4 维向量，每个分量表示人体对应分块的运动状态。当两个行为有相同的运动向量时，它们被认为属于同一个组。根据运动向量的维度和每一维的取值，行为最多可以分为 16 个组，对于每一组，需要训练一个 SVM 分类器用于第二层的识别。

6.3　分类特征

这里使用轨迹序列来描述行为，在轨迹序列上使用傅里叶时间金字塔提取的频率信息为最终的分类信息，这种方法能够消除时间动态性造成的轨迹长短不一的情况。轨迹序列中的每一个点使用相对位置特征来表示，它能够准确地提取人体的姿态信息。

6.3.1　相对位置特征

对于每一个关节点 i，计算它和其他关节点 i' 之间的三维位置差 $\boldsymbol{P}_{i,i'}$：

$$\boldsymbol{P}_{i,i'} = \boldsymbol{P}_i - \boldsymbol{P}_{i'} \tag{6-3}$$

那么，所有差值构成的集合为关节点 i 的相对位置特征：

$$\boldsymbol{R}_i = \{\boldsymbol{P}_{i,i'} \mid i \neq i'\} \tag{6-4}$$

当人体发生运动时，相应的关节点也会产生位置变化，那么关节点之间的相对位置也会有所改变，利用这些变化来构造相对位置特征。为了捕获运动的时间信息，把相对位置特征在时间上连成一条轨迹序列 $\boldsymbol{T}_i$，通过衡量轨迹序列之间的相似性来分类行为。

6.3.2 傅里叶时间金字塔

上一小节给出了从三维骨架序列提取的轨迹序列 $\boldsymbol{T}_i$。这个序列的维度和相应骨架序列的帧数有关，而不同视频的帧数不同，所以需要一种方法对齐特征的维度，用于分类。Wang 等[171]提出了傅里叶时间金字塔（FTP）提取轨迹序列的频率信息用于分类。FTP 已被证明能够鲁棒地表示周期性和不完整性的轨迹序列，本章使用三层傅里叶时间金字塔对轨迹序列进行处理。具体过程如下：在金字塔第一层，把整个轨迹序列使用短时傅里叶变换[210]计算傅里叶系数；第二层中，把轨迹序列分成等长的两段，分别使用短时傅里叶变换计算出傅里叶系数；第三层中，把轨迹序列分成等长的四段，分别使用短时傅里叶变换计算出傅里叶系数。把每一层中计算的低频傅里叶系数用作最终的分类特征。连接点 i 的傅里叶时间金字塔特征被定义为金字塔所有层的低频系数，用 $\boldsymbol{S}_i$ 表示。

最后，使用已训练的多类 SVM 分类器分类特征 $\boldsymbol{S}_i$，获得最终的行为标签 l。

6.4 实 验 结 果

对提出的分层模型和特征使用 DailyActivity3D 数据集[171]进行测试。在实验中，由于深度图的噪声问题，骨架连接点可能会发生一些扰动，所以使用各向异性扩散滤波器[214]在时间维度上平滑骨架连接点，减小扰动造成的影响。

这里简单介绍一下深度感应器 Kinect v1。它是由微软开发的、应用于 Xbox360 主机的体感设备。玩家不需要手持或踩踏控制器，而是使用语音指令或手势来操作 Xbox360 的系统界面。如图 6-3 所示，Kinect 有三个镜头，中间的镜头是 RGB 彩色摄影机，用来采集彩色图像，左右两边镜头则分别为红外线发射器和红外线 CMOS 摄影机所构成的 3D 结构光深度感应器，用来采集深度数据（场景中物体到摄像头的距离）。彩色摄像头最大支持 1280×960 分辨率成像，红外摄像头最大支持 640×480 成像。本实验中，把基于深度图获取的骨架连接点作为输入，用来识别行为。

这个测试数据集用一个 Kinect 深度感应器在室内拍摄得到的，如图 6-4 所示，这个数据集总共有 16 个行为。在数据集内，10 个人进行表演，每个人把所有的 16 个动作做两遍，分别处于站着和坐着的姿势进行。总共有 16×10×2=320 个骨架序列，对于每个序列的每一帧，是由 20 个骨架连接点构成的。

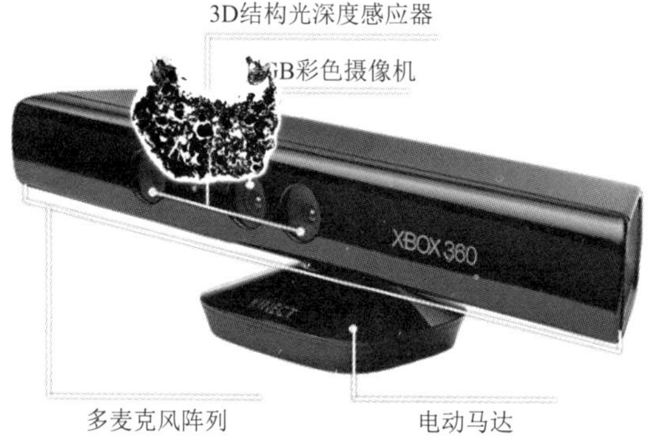

图 6-3　Kinect v1

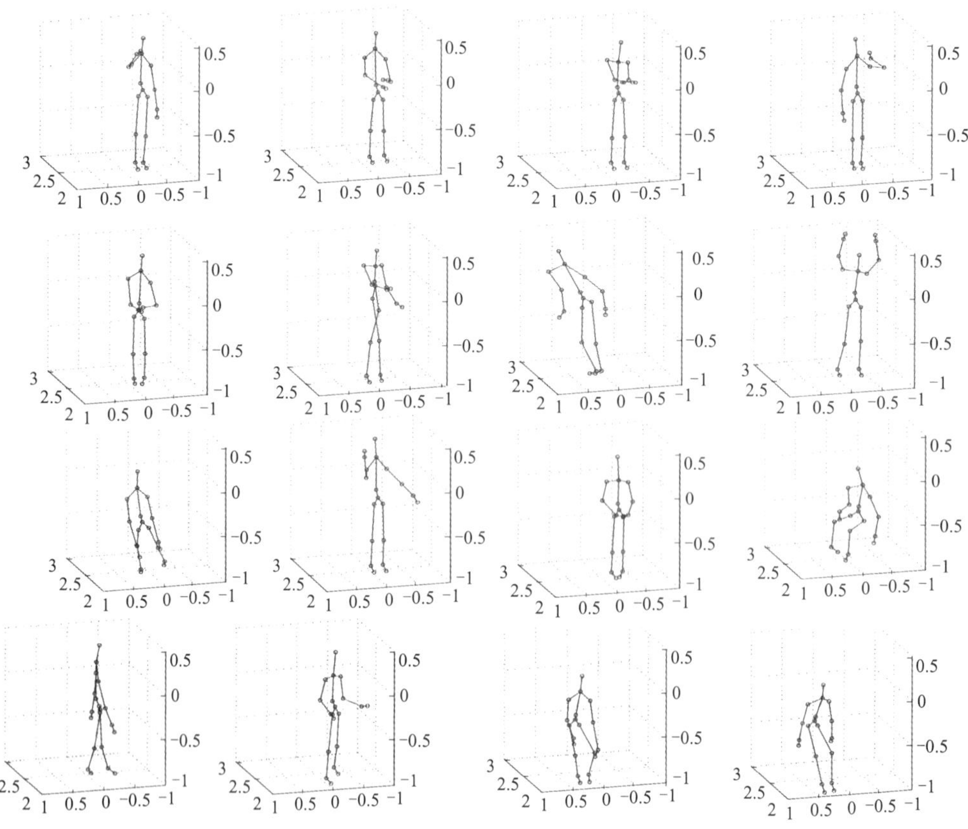

图 6-4　DailyActivity3D 数据集 16 个行为的骨架图

该数据库描述了一些日常行为，包含人和物体的交互，因此是一个富有挑战性的数据库。使用 2 折交叉验证法，即把数据库平均分成两部分，其中 5 个人的骨架序列作为训练集，其他 5 人的骨架序列作为测试集。

图 6-5 给出了每一个行为的识别率，可以看出对于一些没有遮挡的行为，例如站起来、坐下、坐着不动；和一些轻微遮挡的行为，例如喝水和吃薯片，通过此模型和特征

能够得到一个相当高的识别率。而对严重遮挡的行为，例如使用笔记本、玩游戏和玩吉他，此模型得到的识别率相当低，这是因为严重的遮挡导致被跟踪的骨架连接点发生严重的错误，从而严重影响了特征的判定力。

表 6-1 给出了使用分层模型和直接使用 FTP 特征进行识别的比较结果。从表中可以看出，打电话、书写、躺下和玩吉他等行为的识别率都有一定的提高，总体来讲，分层模型提高了大约 4%的平均识别率。

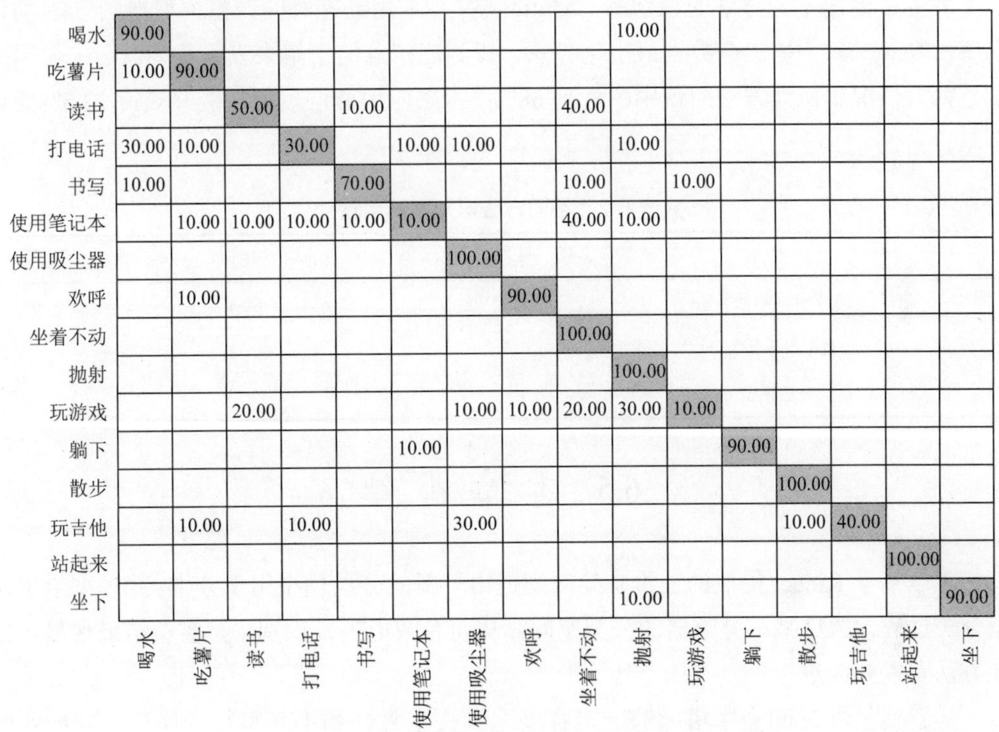

图 6-5　DailyActivity3D 数据集上，识别率的混淆矩阵

表 6-1　分层模型和非分层模型识别率比较

行为类别	分层模型/%	对特征直接分类/%
喝水	90.00	90.00
吃薯片	90.00	90.00
读书	50.00	50.00
打电话	**30.00**	10.00
书写	**70.00**	60.00
使用笔记本	10.00	10.00
使用吸尘器	100.00	100.00
欢呼	90.00	90.00
坐着不动	100.00	100.00
抛射	100.00	100.00
玩游戏	10.00	10.00
躺下	**90.00**	80.00

续表

行为类别	分层模型/%	对特征直接分类/%
散步	100.00	100.00
玩吉他	**40.00**	20.00
站起来	100.00	100.00
坐下	90.00	90.00
平均识别率	**72.50**	68.75

表 6-2 给出不同方法的识别率，Mutter 等[212]使用动态时间调整模型得到 54%的识别率；Wang 等[171]提出一数据最小化算法，找到连接点的子集来表示行为，在未使用深度数据的情况下，其方法的识别率达到 68%；本书应用分层模型，能够获得 72.5%的识别率。

表 6-2　不同方法识别率的比较

方法	识别率
动态时间扭曲方法[228]	0.54
数据最小化方法[178]	0.68
分层模型方法	0.725

6.5　本 章 小 结

本章基于 Kinect 提取的三维骨架序列提出一新的分层模型用于分类。此模型给出两个分类过程，通过减小分类器的分类空间，从而有效地提升识别率，实验结果也显示出此方法有重要改进。

尽管傅里叶时间金字塔能够一定程度上解决重复性和不完整行为序列之间的匹配问题，但是由于每个人自身的原因，每个行为执行的频率和幅度会有很大的差异，这会造成提取的频率信息差异很大，所以仅仅使用频率信息来描述行为还有所欠缺。

第 7 章　基于向量空间的实时人体行为识别

本章提出了一个新的时空帧特征，描述了人体的相对位置信息和运动信息，将每一帧动作的特征表示为向量空间的一点，则一个动作表示成点的集合。本章提出了成熟的人机交互系统应该满足的三个要求，为了系统的设计提供了一定的依据，该方法的主要特点在于能够在动作进行过程中在线实时地进行识别，无须等待动作完成；还提出了最新的加权算法，用来计算向量空间中每个聚类中心的权重，该方法解决了行为的重复性和不完整性造成的难识别的问题，同时解决了行为序列匹配时存在的时间动态性问题。本章提出的算法在两个基准数据库上进行评估，这两个数据库都是使用单个 Kinect 设备采集获取的，实验结果显示我们的算法比当前大部分算法性能更优。

7.1　问题及方法概述

随着 Kinect、手势控制臂环等一些体感交互类硬件设备的出现，人体行为识别在交互娱乐领域得到越来越多的关注，游戏的交互方式也在逐渐发生变革。一个让用户满意的交互识别系统应该满足以下三个基本要求。

① *高识别率*　识别系统能够精确地识别每类行为，这是每个系统所应具备最基础、也是最重要的能力。

② *鲁棒性*　这里的鲁棒性指的是，在下面三种状况下，识别系统仍能保持高识别率。第一，行为的重复度是不同的，在一次识别过程中，行为被重复完成的次数是不一样的；第二，行为开始和结束的状态是不同的；第三，执行某一动作，不同用户使用的时间可能是不同的。第一点和第二点会造成序列匹配困难的问题，而第三点就是常说的序列存在时间动态性的问题。当一个识别系统在上述三种情况下都能工作得很好，就说这个系统是鲁棒的。

③ *在线实时识别*　在用户进行某一行为期间，识别系统就能实时地给出识别结果，而不是等到这个行为完全结束。

对于第一点要求，这是所有的识别任务都必须满足的，本书提出的识别算法能够给出一个令人满意的识别率；而对于第二点要求，传统基于特征序列匹配的方法很难实现，这是因为如果行为的重复次数不一样的话，很难进行序列匹配，唯一方法就是首先进行序列分割，而传统的序列分割算法精确度不高，手工分割工作量太大。如果行为开始和结束状态不一致的话，像传统的动态时间调整（dynamic time warping，DTW）等序列匹配方法也会失效。传统的行为识别系统中，很大一部分仅仅考虑完整的甚至非周期的行为，这些行为是容易识别的，但是不具有代表性和一般性。在现实中，捕获的行为很大一个部分是周期的和不完整的，对于这些行为，传统的方法主要是基于轨迹[9,10]的方式来解决的。这些方法一个很大的限制是，他们要求被分类的行为是完整的，如果行为是不完整的，很难去匹配两条行为轨迹，从而影响到识别率。因此，为了鲁棒性，需要解决不完整的和周期性的行为识别问题。

同时，传统基于轨迹的行为识别方法需要整个行为执行完之后才能进行识别，这对在线实时的行为识别来说，是一个致命的缺陷。

本章中，使用从帧特征集合中提取聚类中心构成的向量空间来表示每一类行为，这样表示方式避免了基于轨迹行为识别在轨迹匹配时所存在的时间动态性问题；使用K-means 聚类算法对向量空间中的所有特征进行聚类，用得到的聚类中心来表示行为，实现在线实时的行为识别；提出了两个最新的特征加权算法，用于加权聚类中心，图 7-1 给出了该识别方法的流程图。首先，对每一帧三维骨架数据，提取运动特征和相对位置特征，联合两类特征构成新的时空帧特征；然后，为了实时行为识别的需求和消除不稳定关节点对识别的影响，对帧特征集合使用 K-means 聚类算法进行聚类，用聚类中心构成的向量空间表示行为；接着，使用两个特征加权方法，方差加权算法和熵加权算法，加权每一个聚类中心，权重大小代表了聚类中心的判定能力；最后，使用最近邻算法（K-NN）进行分类。

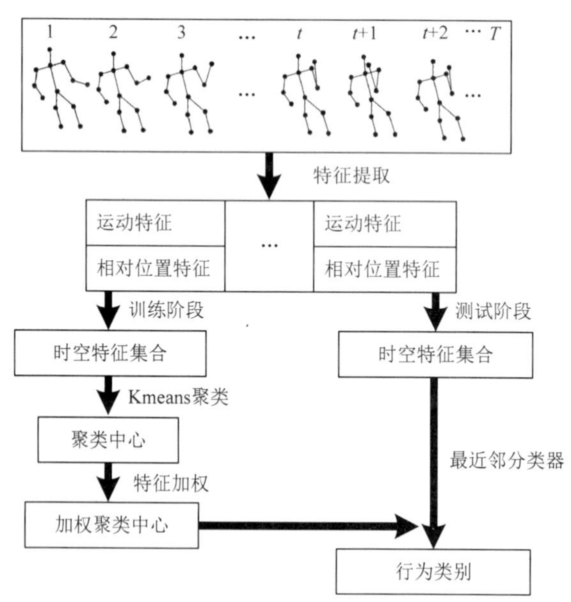

图 7-1 算法流程图

7.2 节介绍了时空帧特征的具体构成；7.3 节详细介绍两类特征加权算法；7.4 节介绍最终分类的具体过程；7.5 节对 UCFKinect 行为数据库和 MSRC-12 手势数据库进行介绍，给出本章算法的实验结果并对其进行分析；7.6 节总结本章内容。

7.2 时空特征

从帧特征集合中提取聚类中心，帧特征的好坏直接决定了聚类中心的判定能力，因此时空帧特征的提取方式对最终分类结果起到了至关重要的作用。考虑到人体的运动信息和姿态信息，一个结合运动特征和相对位置特征的时空帧特征被提出。由于每一帧骨架都能够提取一个时空特征，因此数据量大的骨架数据库提取的时空帧特征数目相对过多，采用最近邻算法（K-NN）需要承受大量的计算花费。为了在线实时识别的目的，采用 K-means 对帧特征进行聚类，用稀疏的聚类中心表示行为。

每个骨架序列中的每一帧，都是由 J 个三维骨架连接点构成的。每个连接点可以用它的 3D 坐标来表示：$\boldsymbol{p}_i^t=(x_i(t),y_i(t),z_i(t)),\ i=1,\cdots,J$。其中，$t$ 表示时间点；i 表示关节点；J 表示每一帧中关节点的个数。

7.2.1 运动特征

为了提取当前帧的运动特征，本章计算当前帧和相邻帧对应关节点位置的差值：$m_i^t=p_i^t-p_i^{t-n}$，其中，t 表示当前帧；n 表示相邻帧之间的时间差值。如果 t 小于 n，那么就用第一帧代替 p_i^{t-n}，那么运动特征定义为

$$\boldsymbol{M}^t=\{m_1^t,m_2^t,\cdots,m_J^t\} \tag{7-1}$$

其中，J 表示骨架中关节点的个数，运动特征的维度为 $J\times3$。

7.2.2 相对位置特征

对于一些运动行为，例如挥手和走路，运动特征对这些行为有很强的描述力。然而，对一些静态行为，例如站立和坐着不动，仅仅使用运动特征很难表示他们，因此，为了更全面地描述行为，提取人体的姿态特征是相当必要的。

这里使用每个关节点相对于一个中心点 p_c^t 的位置信息作为每一帧的相对位置特征，其中中心点 p_c^t 指的是人体所有关节点运动变化最小的点，相对位置特征可以表示为

$$\boldsymbol{R}^t=\{p_1^t-p_c^t,\ p_2^t-p_c^t,\cdots,p_J^t-p_c^t\} \tag{7-2}$$

相对位置特征向量的维度为 $J\times3$。对于相对位置特征，一些工作使用任意两点之间的欧式距离来表示，这导致得到的特征维度太高，严重影响了识别速度。尽管提取的运动特征和相对位置特征都比较简单，但是实验结果显示这两类特征结合构成的时空帧特征具有很强的判定能力。实际上，不一定要提取完整的轨迹信息去识别行为，完整的轨迹会存在时间动态性的问题，处理不好，反而会导致更低的识别率。

7.2.3 特征聚类

前两节中介绍了运动特征和相对位置特征相结合构成时空帧特征。如图 7-2 所示，

选择时空特征的两维来可视化时空帧特征，其中图 7-2（a）描述了不同类行为的特征集合，而右图描述了相同类行为的不同序列提取的特征集合。不难发现，在图 7-2 给出的二维平面里，同一类行为的帧特征位于二维平面的同一位置，而不同类行为的帧特征位于不同位置，提取的时空特征能很好地区分不同类别的行为。

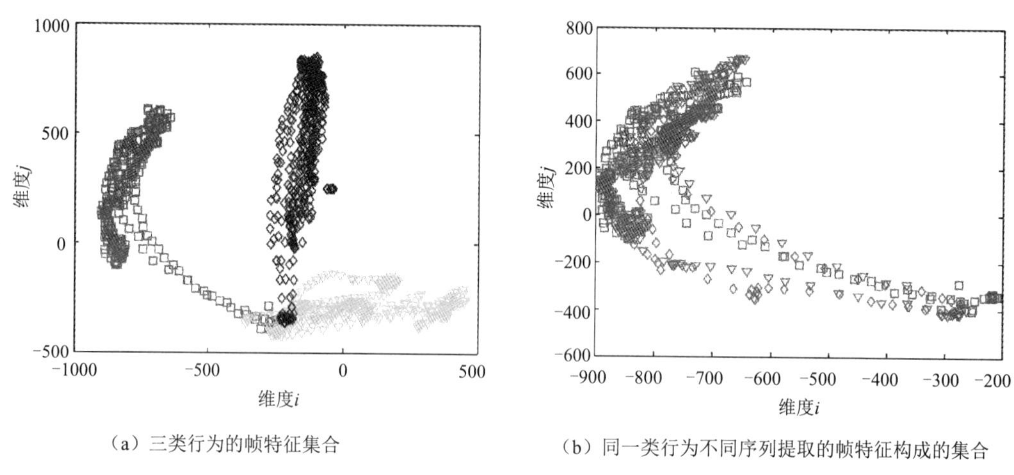

（a）三类行为的帧特征集合　（b）同一类行为不同序列提取的帧特征构成的集合

图 7-2　特征构成的向量空间

随着数据量的变大，提取的帧特征也会逐渐增多，基于最近邻算法就很难做到在线实时的行为识别。对于所有帧特征构成的特征集合使用 K-means 聚类算法聚类，聚类得到的中心用来表示每一类行为，如图 7-3 所示，聚类中心形成的向量空间依然保持很好的区分特性，易于分类。和帧特征形成的向量空间相比，聚类中心的数目更少，更易于在线实时的行为识别。

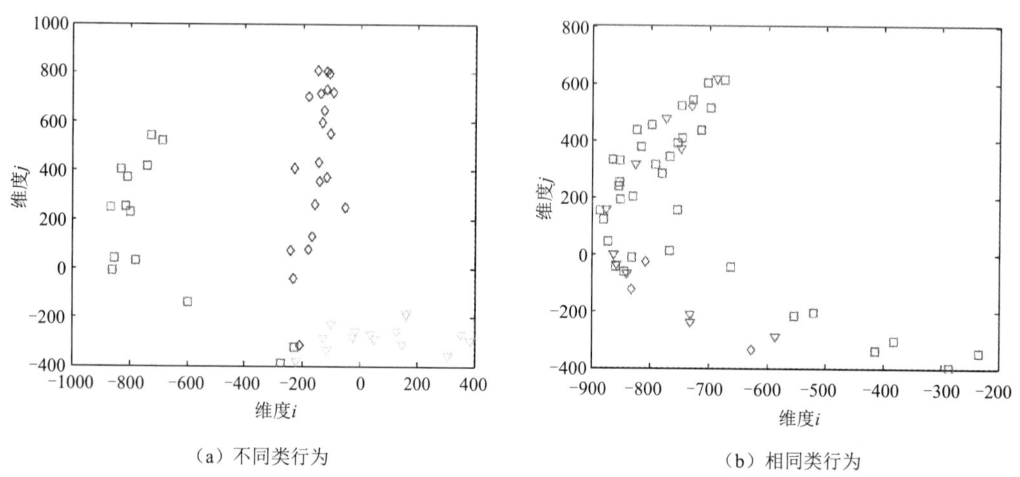

（a）不同类行为　（b）相同类行为

图 7-3　基于聚类中心构成的向量子空间

图 7-4 使用帧特征中的一维数据，在时间轴上可视化出行为特征的轨迹序列，其中，图 7-4（a）是不同行为的轨迹，而图 7-4（b）是相同行为的轨迹。可以看出，行为轨迹

之间存在着明显的时间动态性问题，很难找到一个好的方法解决这个问题，从而准确地计算出两条轨迹之间的相似度，而使用向量空间的行为表示方法，成功解决了这一难题。如图 7-2（a）和图 7-3（a）所示，由于时间动态性问题，提取的帧特征的位置会稍微有所偏移，基本不会影响聚类中心构成的向量空间，不影响行为之间的区分性。而对于行为周期性和不完整的问题，只会影响特征集合中特征的个数，而不会影响特征整体的分布，对聚类中心构成的向量空间基本不影响。在最后的分类过程中，只需要对测试序列的每一帧的类别进行判定，综合考虑所有帧的类别属性，给出序列的最终识别结果，不存在序列匹配问题，而基于轨迹的识别是需要对轨迹进行匹配的。

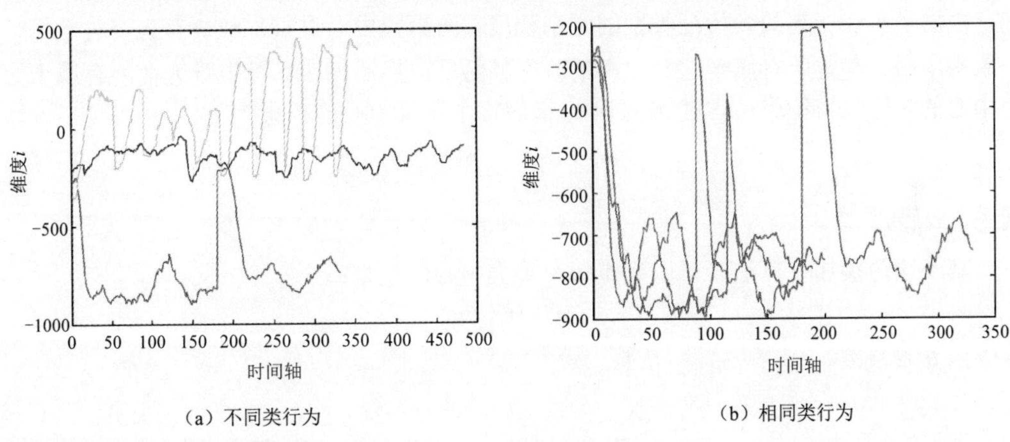

（a）不同类行为　　（b）相同类行为

图 7-4　特征轨迹序列

7.3　加 权 算 法

上一节介绍了最新提出的时空帧特征，并且使用聚类中心构成最终的向量空间用于分类。由图 7-2（a）可以看出，由于行为都是从一个放松的状态开始，行为起始的时候提取的帧特征基本处于相同的向量空间，发生重叠，另外，由于遮挡问题，提取的人体骨架数据是不准确的，这些问题导致由这些帧特征得到的聚类中心可能对最终的分类结果造成不好的影响。因此，本节提出了两个加权算法：方差加权法和熵加权法，根据聚类中心判定能力的强弱，赋予它们不同的权重。

7.3.1　方差加权法

由于遮挡问题，提取的骨架点是错误的并且存在很大的扰动，如果某个聚类中心包含这些点，那么属于这个聚类中心帧特征的方差会很大，根据这个特性，本节给出了简单且实用的方差加权法。权重的计算具体如下：

$$\omega_1^c = \alpha_1 / \mathrm{var}(c) \tag{7-3}$$

其中，α_1 是一个常数；var(c) 表示属于聚类中心 c 所有帧特征的方差，方差越大，说明特征分布越散乱，权重就越小。

7.3.2 熵加权法

之前已经提到过，由于不同行为可能拥有相同的子行为，提取的帧特征在向量空间发生重叠，由这些帧特征提取的聚类中心会影响到最终的分类结果。为了消除这些聚类中心所产生的消极影响，设计了一种新的熵加权法。熵加权法的原理是，如果某些行为拥有相同的子行为，那么由这些子行为的骨架帧提取的特征在向量空间中会混杂在一起，根据聚集在一起的帧特征类别的混杂程度，给聚类中心进行加权。首先，对于每一个聚类中心，确定所有属于这个中心的时空帧特征。然后，计算每类行为在所有属于这个中心的时空帧特征中所占的比例 p_l^c。最后每个聚类中心的权重为

$$\omega_2^c = \alpha_2 / \sum_l p_l^c \ln p_l^c \tag{7-4}$$

其中，α_2 为常数。

基于这两类加权算法，可以确定每个聚类中心的权重：

$$\omega^c = \omega_1^c + \beta\omega_2^c \tag{7-5}$$

其中，β 为常数。

7.4 分　　类

如图 7-1 所示，分类指的是图中的测试阶段，是对人体三维骨架序列的识别。具体过程如下：首先对于需要识别的三维骨架序列中的每一帧提取包含运动特征和相对位置特征的时空帧特征；然后，对于每一个帧特征，使用最近邻分类器（K-NN）在聚类中心构成的向量空间中提取 K 个最近的中心。因为每个聚类中心属于不同行为类别有一定的概率 p_l^c，所以整个测试序列的类别为

$$l = \arg\max_l \sum_{t'=t-T}^{t} \sum_{c\in N_{t'}} \omega^c p_l^c \tag{7-6}$$

其中，ω^c 表示聚类中心 c 的权重；t 表示当前帧；t' 表示当前帧 t 之前的第 T 帧；$N_{t'}$ 表示在第 t' 帧，基于最近邻分类器提取的 K 个聚类中心，计算得到的最大概率对应的行为类别作为测试序列的类别。为了在线实时识别的目的，使用 T 帧作为一个单元来实时判定测试序列的类别。

7.5 实 验 结 果

在实验阶段，使用两个具有代表性的骨架数据库：UCFKinect 行为数据库[21]和微软

的 MSRC-12 手势数据库[213]去评估提出的模型和特征。实验结果表明，该算法优于当前最新的一些算法，高识别率证明算法对行为的时间动态性有很强的鲁棒性。

7.5.1　UCFKinect 行为数据库

这个数据库中的骨架序列是使用单个 Kinect 和 OpenNI 框架采集获取的。如图 7-5 所示，一共有 16 个行为，都是为游戏场景所设计的。对于每一类行为，16 个受试者（13 个男性和 3 个女性，年龄分布在 20 到 35 岁之间）被要求执行 5 次，总共得到 1280 个行为序列。受试者被要求两手自然垂在身体两边，放松站立。在每个行为开始执行之前，每个受试者会被告知关于这个行为的详细信息，如果有必要，每个行为会被展示一次。对每一帧数据，会采集 15 个关节点的三维坐标，并且可以得到每个关节点的方向向量和二值置信度，其中二值置信度可用于辅助选择准确的和判定力强的姿态用于行为识别，而本书仅仅使用了关节点的三维坐标信息。

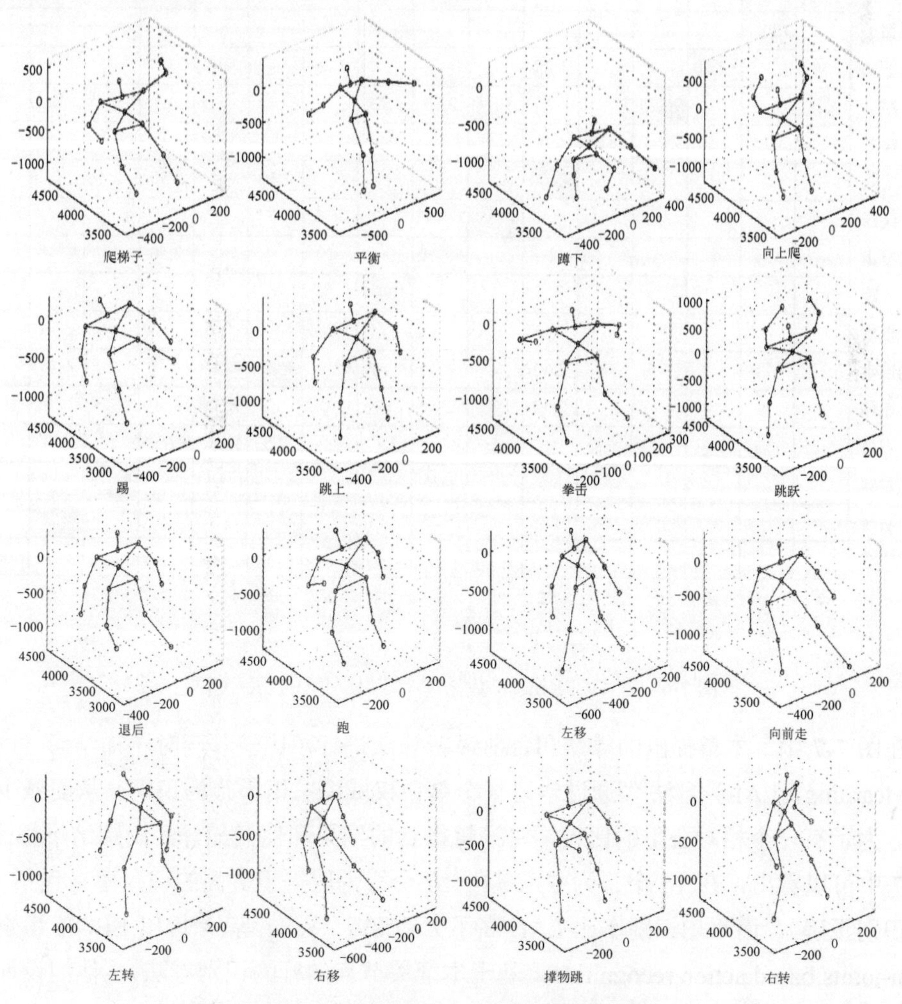

图 7-5　UCFKinect 人体行为骨架数据库

实际上，本算法对于噪声甚至是不准确的关节点都能保持较好的鲁棒性。对于噪声骨架关节点，提取的时空帧特征会影响到一个聚类中心的位置，但是对由聚类中心构成的向量空间的大小和位置影响不大。而对于错误的骨架关节点，提出的加权算法能很好地降低它们的权重，从而减少它们对识别结果造成的不利影响。

对于 UCFKinect 数据库，使用二折交叉验证的方法去处理所有的数据，从而得到最终的识别结果。也就是说，把整个数据集分成两个大小一样的子集，一个子集用来训练，另一个子集用来测试，然后换过来重复此过程再做一遍，最终的识别结果为两次识别结果的平均值。

图 7-6 给出了 UCFKinect 数据库的混淆矩阵。从图中可以看出，每个行为的识别率全都超过 95%，平均识别率为 98%，这是相当高的一个识别率，能够完全满足应用需求，识别结果也能表明提取的时空帧特征结合加权算法能有效地识别人体行为。

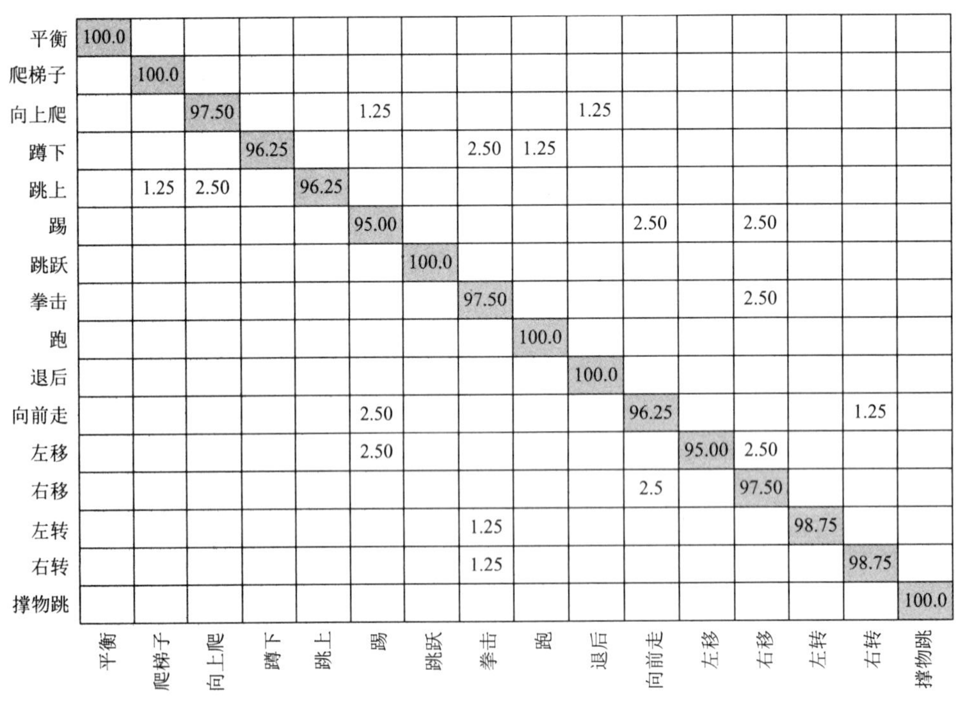

	平衡	爬梯子	向上爬	蹲下	跳上	踢	跳跃	拳击	跑	退后	向前走	左移	右移	左转	右转	撑物跳
平衡	100.0															
爬梯子		100.0														
向上爬			97.50			1.25				1.25						
蹲下				96.25				2.50	1.25							
跳上		1.25	2.50		96.25											
踢						95.00					2.50		2.50			
跳跃							100.0									
拳击								97.50					2.50			
跑									100.0							
退后										100.0						
向前走						2.50					96.25				1.25	
左移						2.50						95.00	2.50			
右移											2.5		97.50			
左转								1.25						98.75		
右转								1.25							98.75	
撑物跳																100.0

图 7-6　在 UCFKinect 数据库上，识别率的混淆矩阵

在图 7-7 中，本章提出的算法和目前最新算法进行了比较。延时感知学习（latency aware learning，LAL）方法[20]通过学习一个单一权威姿态用于行为识别，从而减少观测延时。为了有一个相对公平的比较，将计算得到的结果和他们最好的识别结果相比较，图 7-7 中可以看出，在 16 个行为中，其中 10 个行为取得了更高的识别率（包括 100%完全识别正确），而平均识别率比 LAL 高了大约 2%。Yang 等[155]提出 EBAR 识别方法（eigen-joints based action recognition，基于本征关节点的行为识别方法），他们设计了最新的行为特征描述符，基于累积运动能量图（AME）选择信息量更大的帧数据，在

图 7-7 中展现了本章提出的算法和 EBAR 的比较结果，16 个行为中 9 个行为，此算法取得了更好的识别结果，使用本章提出的算法计算得到的平均识别率比 EBAR 高 0.9%。

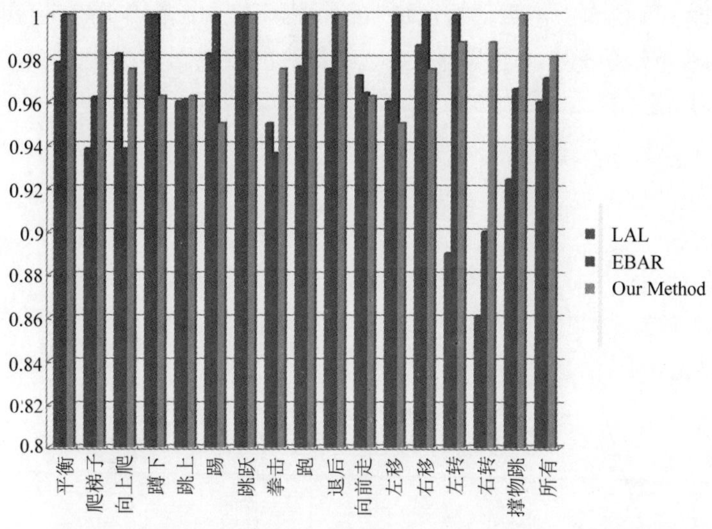

图 7-7　在 UCFKinect 数据库上，提出的方法和最新方法识别率的比较

为了进一步证实算法的鲁棒性，对于每一个行为序列，提取他们的一部分用来测试，最终的识别率在图 7-8 中显示。其中，水平轴表示测试部分占整个行为序列的比例，而竖直轴表示识别率。如图所示，随着测试所用帧数的增加，识别率变得越来越高，当帧数比例大于等于 0.6 时，识别率趋于稳定。这些曲线显示，当仅仅使用前几帧的时候，所有行为的识别率都很低，这是由于所有的行为都是从一个放松姿态开始的，从这些帧提取的特征位于向量空间的重叠区域，不具有很强的判定性。

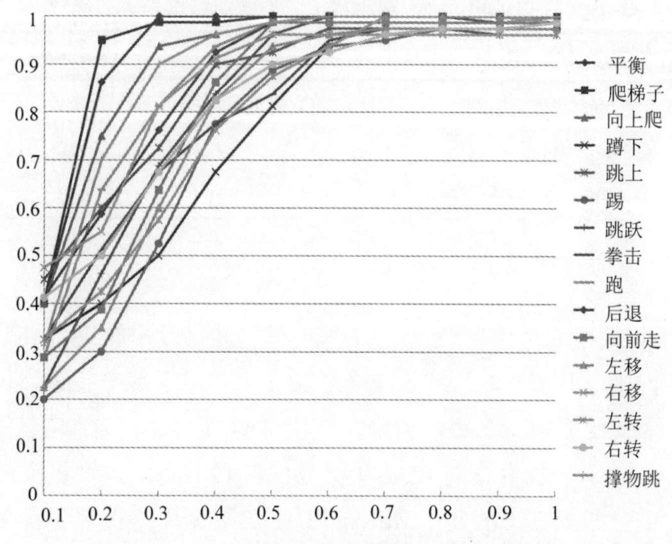

图 7-8　在 UCFKinect 数据库上，鲁棒性测试

在计算运动特征时，相邻帧之间的时间差值用 n 表示，这里讨论了不同的 n 值对最终识别率的影响，如图 7-9 所示。相比较而言，大一点的 n 值比小一点的 n 值会产生更高的识别率。如果 n 值太小，运动特征很难在行为识别中起到作用。当 n 取值为 5 的时候，识别率最高。实验表明，适当的参数选择最终的结果影响很大。

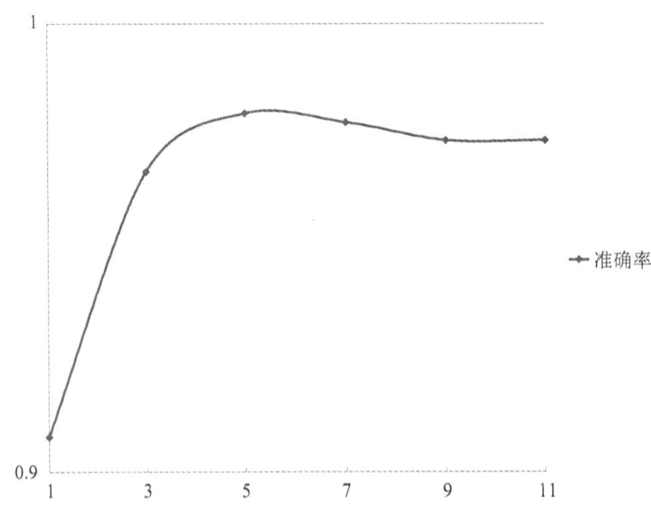

图 7-9　在 UCFKinect 数据库上，不同的 n 值对识别率的影响

表 7-1 给出了不同组合方式的识别率。仅仅使用时空帧特征，能够获得 96.7%的识别率，当结合加权方法时，能够得到 97.7%的识别率，结合上一章提出的分层模型，最终的识别率为 98.1%。通过分析结果可以看出，高的识别率主要是由提出的时空帧特征决定的，相应的加权算法和分层模型对识别率也有小幅度的提升。

表 7-1　在 UCFKinect 数据库上，不同组合识别率的比较

方法	识别率/%
时空帧特征	96.7
加权方法+帧特征	97.7
分层模型+加权方法+帧特征	98.1

7.5.2　MSRC-12 手势数据库

MSRC-12 手势数据库是由单个 Kinect 深度设备和微软平台采集获取的。数据库包含 12 类手势，由 30 个人采集，总共 594 个骨架序列。对于每个行为，每个受试者会执行多次，形成一个骨架序列。在每一帧中，使用 Kinect 姿态估计框架可以估计 20 个三维关节点。MSRC-12 手势数据库的 12 类手势如图 7-10 所示，此数据库给出了不同类型的指令对受试者手势的影响，因此，MSRC-12 手势数据库不仅用于衡量识别系统的性能，也能用于评估一些指令信息对不同人的影响，比如文本、图片和视频。

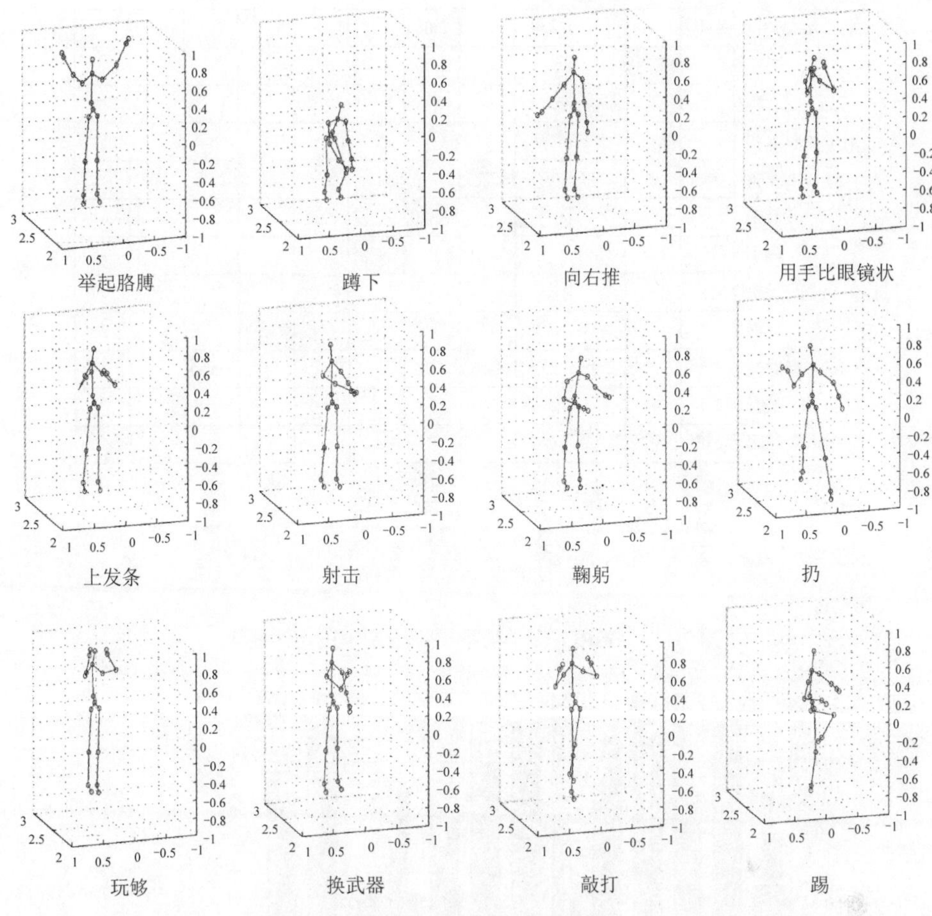

图 7-10　MSRC-12 手势数据库

由于个人习性，对于某些动作，不同受试者展现的方式也是多种多样。例如，一些人习惯用右胳膊挥手，而其他人习惯用左胳膊。因此，为了尽可能增加训练数据的多样性，使用留一法交叉验证。本书忽略了不同的指令信息，结合所有的骨架序列用于识别。

图 7-11 给出了 MSRC-12 手势数据库识别率的混淆矩阵。从图中可以看出，大部分行为的识别率都是相当高，一些行为的识别率甚至为 100%。

如图 7-12 所示，对于每一个行为，本章的方法和目前最好方法识别率进行了比较。Negin 等[214]介绍了一个基于判定森林的特征选择框架，它能在时空区域内选择最有效的特征子集。本章得到的结果和最好结果做了比较，从图 7-12 能够看出，在 12 个行为中有 8 个行为，本章算法取得了更好的识别结果，此方法的平均识别率为 94.6%。Chatis 等[215]使用阈值法的条件随机场用来描述行为，同时结合 Kinect 采集的三维深度信息，克服了固定阈值方法的缺点。图 7-12 也给出了比较结果，从图中可以看出，12 个手势行为中有 8 个行为，此方法取得了更好的结果，此算法的平均识别率比基于阈值法条件随机场方法的识别率高出 2.7%。

	举起胳膊	蹲下	向右推	用手比眼镜状	上发条	射击	鞠躬	扔	玩够	换武器	敲打	踢
举起胳膊	86.00			2.00		2.00					10.00	
蹲下		98.00				2.00						
向右推			100.0									
用手比眼镜状				100.0								
上发条			2.08		93.76					2.08	2.08	
射击						100.0						
鞠躬		2.00					98.00					
扔								98.00				2.00
玩够				8.00					92.00			
换武器			2.08	2.08	4.16	2.08				89.60		
敲打	2.04			2.04	2.04	2.04			6.12	4.08	81.64	
踢	2.00											98.00

图 7-11　MSRC-12 手势数据库识别率的混淆矩阵

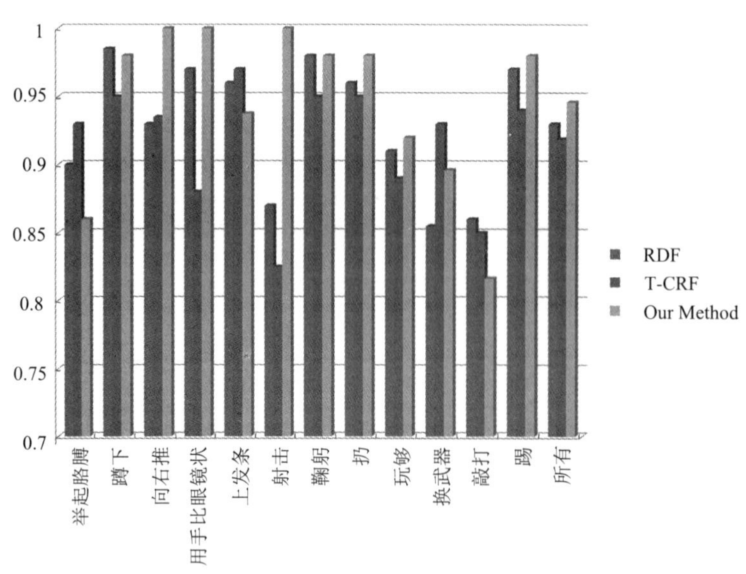

图 7-12　在 MSRC-12 手势数据库中，本章提出的方法和最新方法识别率的比较

在这个数据库中，使用部分行为数据测试本章方法的鲁棒性。图 7-13 展示了对于每一类手势行为，不同比例的数据对最终识别率的影响。水平轴和竖直轴和图 7-8 的定义一致。如图所示，随着数据的增多，识别率也是越来也高，然而，和 UCF 数据库相比，识别率稳定得更快，当使用的数据比例大约在 0.3 的时候，识别率趋于稳定。这是由于对于每个骨架序列来说，每个行为被执行了多次，所以当使用数据的比例很低的时候，判定性的数据已经足够多了。

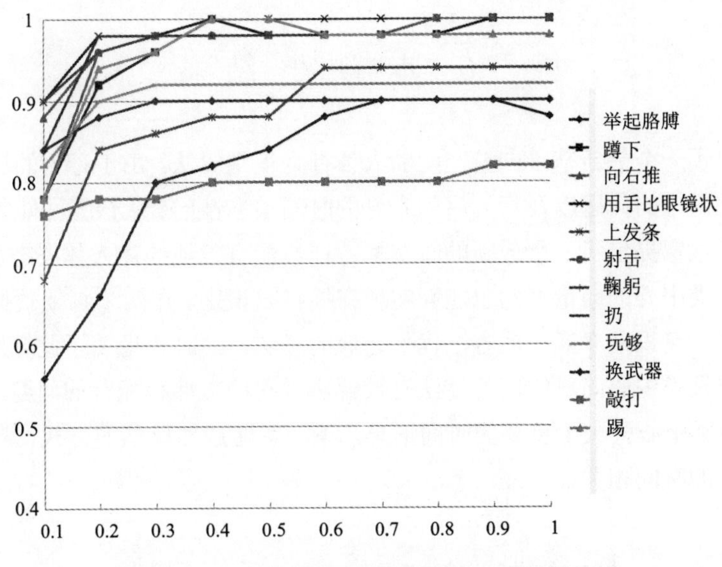

图 7-13　在 MSRC-12 手势数据库中，鲁棒性测试

为了进一步显示 K-means 聚类算法在实时行为识别上的有效性，在表 7-2 和表 7-3 中，给出了识别速率的比较结果。表 7-2 展示了 UCFKinect 数据库的识别速率，当使用 K-means 聚类算法时，识别速率为 658 帧/s，其中聚类中心个数为 5000，而仅仅使用原始帧特征的时候，识别速率为 127 帧/s。不难发现，使用原始数据的识别速率低于使用聚类算法，由于 UCFKinect 的数据量相对较小，使用原始数据也能实现实时识别。而对于 MSRC-12 手势数据库，仅仅使用原始真数据不能满足实时要求，通过表 7-3 中可以看出，使用原始数据时，识别速率仅仅为 5 帧/s。

表 7-2　在 UCFKinect 数据库上，识别速率的比较

属性	使用 K-means 聚类	原始帧数据
帧数	70 627	70 627
总时间（秒）	107.5	555.3
每秒帧数	657.8	127.2

表 7-3　在 MSRC-12 数据库上，识别速率的比较

属性	使用 K-means 聚类	原始帧数据
帧数	704 748	704 748
总时间（秒）	1 355.61	129 451
每秒帧数	519.9	5.04

7.6 本章小结

本章提出了一个最新基于向量空间的人体行为识别算法。由于行为的周期性和不完整性造成匹配困难的问题以及行为序列本身的时间动态性问题，该算法能鲁棒地进行人体行为识别。本章提出了一个最新的时空帧特征，能有效地描述人体姿态和运动信息。提出的基于聚类中心的向量空间也能够实现在线实时识别。在两个骨架数据库上测试本章给出的算法，高识别率证明此方法优于之前的算法，同时也证明了此算法的鲁棒性。

尽管基于聚类中心向量空间的算法有效解决时间动态性和配置的问题，但是和轨迹特征相比，聚类中心丢失了重要的时间信息，下一章通过加权图的方式，有效地描述了聚类中心之间的时间相关性。

第 8 章　基于加权图和全局最优相似性匹配的人体行为识别

本章介绍了加权图行为描述方法，从每一类行为的帧特征集合中提取聚类中心，构成加权图的顶点，聚类中心两两之间的时间相关性，构成加权图的边。介绍了用时间聚类算法计算边的权重，提出了用全局最优行为序列匹配方法计算加权图和特征序列之间的距离。该算法有效提高了识别的准确率，并且进一步解决了行为序列匹配时存在的时间动态性问题。本章提出的算法也是在两个基准数据库上进行评估，实验结果显示算法的识别率比之前算法又有所提升。

8.1　问题及方法概述

第 7 章中，提到使用聚类中心构成的特征向量空间来描述行为，解决不完整行为和循环行为的匹配识别问题。尽管最终的识别结果令人满意，但是忽略了一个很重要的信息——聚类中心之间的时间信息。

除了缺失时间信息，基于三维骨架序列的人体行为识别通常面临着一些其他挑战：

首先，对一些之前的工作[216-218]来说，行为序列的预分割是必需而且重要的。所需要的训练序列和测试序列都是准确分割好的，每个序列仅仅包含一个完整行为，并且序列的开始和结束点都是准确且一致的。现在分割行为序列的主要方式是手动分割[219]，这种方式极不方便，需要大量的人力，限制了行为识别的应用。Deng 等[220]给出了 OE-DTW 算法和一个简单的结束点检测算法，从而不需要对结束点进行准确的分割，但是仍要求对开始点准确的分割。第 7 章在测试阶段，对于行为序列中的每一帧单独识别，这样的做法丢失了帧与帧之间的时间相关性。

其次，由于深度图存在噪声和基于单帧的骨架提取策略，提取的三维骨架点常常是不稳定的。对于这些不稳定骨架点，Feng 等[221,222]使用运动捕捉数据探索改善的方法。Xiao 等[223]也提出了一套对人体运动数据有效地去噪声的方法。然而，在一些娱乐游戏应用中，在线实时的行为识别是最起码的要求，而上面提到的这些算法都是在离线状态下执行的，并且去噪过程也要承担相应的计算时间负担。

最后，对于不同的受试者，完成同一行为序列所用的时间常常是不同的。为了处理这些行为序列长度的差异性，之前的工作主要关注在行为序列之间如何进行时间匹配。动态时间规整（DTW）是一个常用的匹配序列的方法，计算两条序列的相似性。尽管这个匹配算法是有效的，但是它仍需要两条被匹配序列的开始点和结束点是对齐的。尽管基于向量空间的方法也能解决时间动态性问题，但是向量空间丢失掉了序列内的时间信息。

考虑到上面提及的问题，提出一个基于加权图的最新方法去解决这些问题。加权图实际上是一个高级别的模型表达，用来组织时空帧特征。加权图能有效处理不稳定骨架点和行为序列长度差异造成的问题。同时，加权图能够压缩特征，从而减少识别时间，实现实时的人体行为识别。本书提出一个全局最优相似性测量方法去测量加权图和特征序列之间的相似性。结合考虑加权图和测量方法，不需要对行为序列进行预分割。

本章的简要过程如下：8.2 节简要描述时空特征；8.3 节详细介绍加权图的构成；8.4 节介绍基于序列匹配的分类方法；8.5 节在骨架数据库 UCFKinect 和 MSRC-12 进行测试，给出本书方法的实验结果并对其进行分析；8.6 节给出本章总结。

8.2 时空特征

和第 7 章一样，依然使用时空特征来描述每个行为，这一节简单介绍一下时空特征，图 8-1 给出简单展示。每一个时空特征 $\boldsymbol{F}$ 由两类特征构成：运动特征 $\boldsymbol{M}$ 和相对位置特征 $\boldsymbol{R}$。给定三维骨架点，时空特征是通过联合考虑形状和运动信息构成的。由第 7 章的实验结果可以看出，时空特征是一类具有代表性的特征。

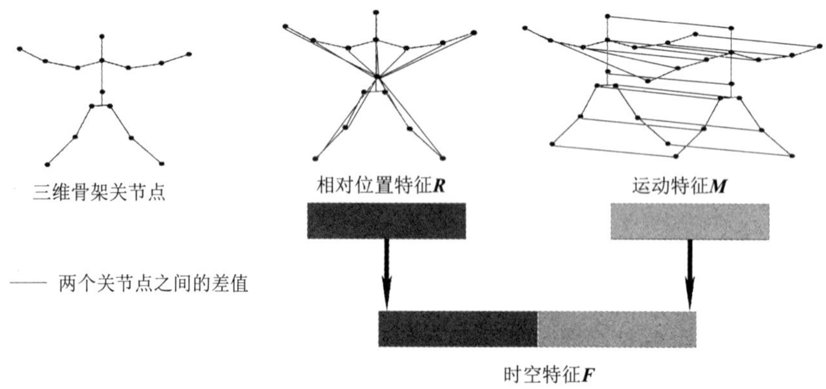

图 8-1 时空特征由两部分组成

① 运动特征 假设每一帧骨架有 J 个关节点，通过当前帧和相邻帧对应关节点位置信息相减，提取当前帧的运动特征。每一个运动特征 $\boldsymbol{M}_i^t$ 捕获了当前帧和之前邻近帧之间的运动和局部时间信息，它的维度为 $3\times J$。其中 i 表示行为的类别，t 表示当前帧。

② 相对位置特征 为了提取相对位置特征，首先选择位置变化最小的关节点作为基准点。用每一骨架帧上的所有点和基准点相减，差值作为相对位置特征 $\boldsymbol{R}_i^t$，它的维度也为 $3\times J$。

因此，时空特征可以表示为

$$F_i^t = (M_i^t, R_i^t),\ \ t = 0,\cdots,N_i - 1 \quad i = 0,\cdots,I-1 \tag{8-1}$$

其中，i 代表行为类别；N_i 表示第 i 类行为提取特征的数量；I 代表行为的类别数。时空特征总的维度为 $6\times J$。

8.3　加权图的构成

训练阶段的主要任务是通过给定时空特征和特征之间的时间相关性，对每一类行为构建一个加权图。其中，加权图的顶点代表一个行为单元，用时空帧特征集合中提取的聚类中心来表示；每条边代表行为单元之间的时间差异。

图 8-2 展示了加权图 G_i 的整个构建过程，主要分为两步：提取加权图的顶点 V_i（图 8-2 中的第 1 步），计算图的加权边 E_i（图 8-2 中的第 2 步）。聚类每一类行为中的所有时空特征，得到的聚类中心表示图的顶点，每一个顶点是一个行为单元。聚类中心之间的时间距离表示加权图边的权重。

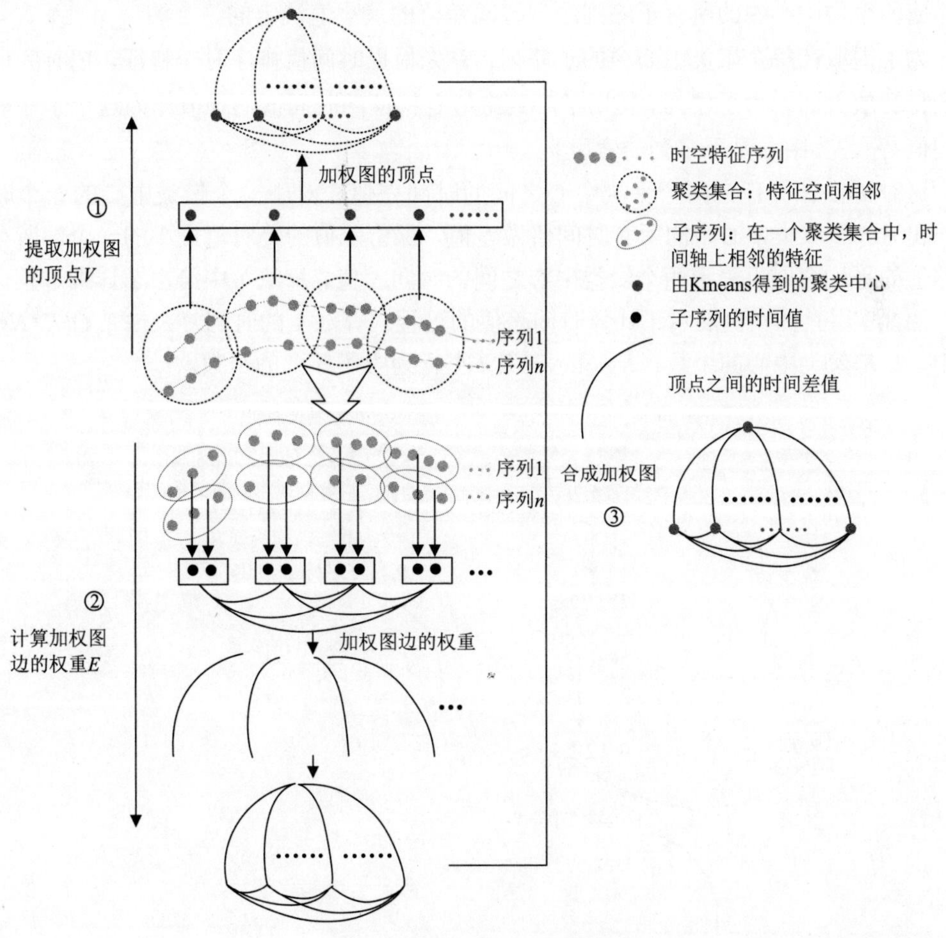

图 8-2　图模型构造过程的展示

8.3.1 提取加权图的顶点

对于第 i 类行为，使用 K-means 聚类算法提取聚类中心 $C_i^k, k = 0, \cdots, K-1$，其中 K 表示聚类中心的个数。因为聚类中心用作加权图的顶点，因此顶点的维度和数量与聚类中心一样。下面给出提取顶点的具体过程：

（1）对于在第 i 类行为所有的时空特征，根据帧特征出现的时间顺序，用从 1 到 N_i 的时间值赋予每个时空特征，其中 N_i 表示在第 i 类行为中，时空特征的数量。

（2）使用 K-means 聚类算法聚类这些时空特征，得到 K 个聚类中心。这样的话，每一个时空特征都会有一个聚类中心的标签，这个标签表明这个特征属于哪个聚类中心。

8.3.2 计算加权图边的权重

加权图边的权重反映了顶点之间的时间距离。时空特征被赋予的时间值用于权重的计算。因为每个聚类中心是由不同时刻多个子序列聚类成的，所以计算边的权重是由两个相应的聚类中心中的所有子序列之间时间差值的最小值决定的。

为了提取在每个聚类中心中的子序列，首先根据时间值排序时空特征，把时间值连续的特征放入同一个子序列。使用子序列中所有特征的时间值的均值作为这个子序列的时间值 $\dot{V}_{i,k}^q$，其中 q 是子序列的索引。

这时可以计算任意两个聚类中心之间的时间差值。对于一个聚类中心的一个时间值，和另一个聚类中心中的所有时间值做差值，保留差值的绝对值最小的一个。所有最小差值的平均值用于表示两个聚类中心之间的时间差值。算法 1 中给出了详细过程。同时，图 8-3 用具体实例展示了计算时间差值的过程。算法 1 的时间复杂性是 $O(K^2Ns)$，其中，K 是聚类中心的个数；Ns 表示在第 i 类行为中子序列的个数。

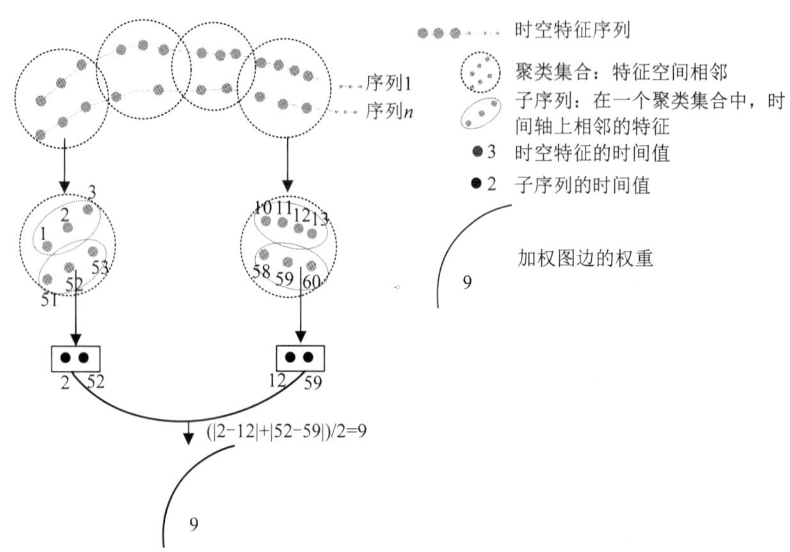

图 8-3 计算加权图的边权重的具体过程

现在，对于每一类行为，可以构建一个加权图 $G_i=(V_i,E_i)$ 。聚类中心用作加权图的顶点，而顶点之间的时间距离表示加权图边的权重。

用加权图表示行为有以下好处：首先，加权图极大地减少了特征的数量，能有效地加速识别。其次，通过聚类时空特征提取的加权图的顶点能有效地消除不稳定骨架点造成的消极影响。最后，加权图对不均衡的数据也是鲁棒的。

算法 8-1：计算顶点之间的时间差值。

输入：聚类中心 C_i^k，子序列的时间值 $\dot{V}_{i,k}^q$

输出：聚类中心之间的时间距离 $\dot{D}_i^{k_1,k_2}$

For 每一个聚类中心 $C_i^{k_1}$， $k_1=0:K-1$ do

　For 另一个聚类中心 $C_i^{k_2}$， $k_2=0:K-1$ do

　　使用 $\text{mindis}[\dot{N}_{i,k_1}]$ 保存两个聚类中心之间所有最小的差值；

　　For 聚类中心 $C_i^{k_1}$ 每一个时间值 $\dot{V}_{i,k_1}^{q_1}$， q_1=0:$\dot{N}_{i,k_1}-1$ do

　　　For 聚类中心 $C_i^{k_2}$ 每一个时间值 $\dot{V}_{i,k_2}^{q_2}$， q_2=0:$\dot{N}_{i,k_2}-1$ do

　　　　$t\text{dis}=abs(\dot{V}_{i,k_1}^{q_1}-\dot{V}_{i,k_2}^{q_2})$；

　　　　If （$t\text{dis}<\text{mindis}[q_1]$） then

　　　　　$\text{mindis}[q_1]=t\text{dis}$；

　　　　End if

　　　End for

　　End for

　　$\dot{D}_i^{k_1,k_2}=(\sum_{q_1=0}^{\dot{N}_{i,k_1}-1}\text{mindis}[q_1])/\dot{N}_{i,k_1}$；

　End for

End for

算法 8-2：计算测试序列和加权图之间的相似性。

输入：加权图 G_i 和特征序列 S_m

输出：加权图 G_i 和特征序列 S_m 之间的距离 $D_{i,m}$

定义 $A[L][K]$，K 是顶点的个数，L 是序列的长度；

For 加权图 G_i 中的每一个顶点 V_i^k， $k=0:K-1$ do

　使用式 2 计算顶点 V_i^k 和特征 F_0 之间的距离；

　$A[0][K]=\text{dis}$；

End for

For 测试序列中的每一个特征 F_l， $l=1:L-1$ do

　For 加权图 G_i 中的每一个顶点 V_i^k， $k=0:K-1$ do

```
使用式(8-2)计算顶点 V_i^k 和特征 F_l 之间的距离;
    For k_p = 0:K-1 do
        If (k_p == 0) then
            A[l][K] = dis + A[l-1][k_p] + E(k,k_p);
        Else if dis + A[l-1][k_p] + E(k,k_p) < A[l][k]
            A[l][K] = dis + A[l-1][k_p] + E(k,k_p);
        End if
    End for
  End for
End for
D_{i,m} = min(A[L-1][K]), k = 0,…,K-1;
```

8.4 基于序列匹配的分类

在训练阶段，对于每一类行为，都可以构建一个加权图，在分类阶段，提出了一个基于动态规划的全局最优序列匹配算法用于行为分类。这个算法能够计算加权图 G_i 和特征序列 $\boldsymbol{S}_m$ 之间的相似性 $\boldsymbol{D}_{i,m}$，不需要刻意进行序列分割。和动态时间调整（DTW）相比，这是此算法一个很大的优势。基于这些相似性，能够判断特征序列的类别。同时基于此匹配算法，能从加权图中提取一条最短路径。

首先使用欧氏距离测量加权图中的顶点和特征序列中特征之间的距离：

$$\text{dis} = \sum_{d=0}^{6\times n-1} (F_d - V_d)^2 \tag{8-2}$$

其中，$6\times n$ 是时空特征的维度。

这个测量算法的核心思想是动态规划。基于这个算法，能够在加权图上找到一条最匹配的路径，如图 8-4 所示。算法 8-2 给出了计算加权图和特征序列之间相似性的过程。对于匹配序列上的每个特征和每个顶点，能够得到 K 个最新的匹配路径。每一条新的路径通过链接当前的顶点和之前的路径而得到的。原则是新的路径和被匹配的序列之间的距离最小。重复上面的过程直到被匹配的序列上的所有点都被计算到。算法 8-2 的计算复杂性是 $O(K^2)$，其中 K 为聚类中心的数量，远小于时空特征的数量。因此，能够保证实时的识别。

对于一个未知的骨架序列，开始时和在训练阶段一样，首先提取时空特征形成一条特征序列 S。一些序列的匹配算法，比如动态时间调整（DTW），需要两条被匹配的序列的开始点和结束点是一致的，否则测量的结果是不准确的。和这些方法相比较，本章提出的算法不受限制于这个要求。只需要给定一个长度 L，根据这个长度分割测试序列

成几个子序列 $S_m,(m=0,\cdots,\dot{N}-1)$，其中 $\dot{N}$ 为被分割子序列的个数。

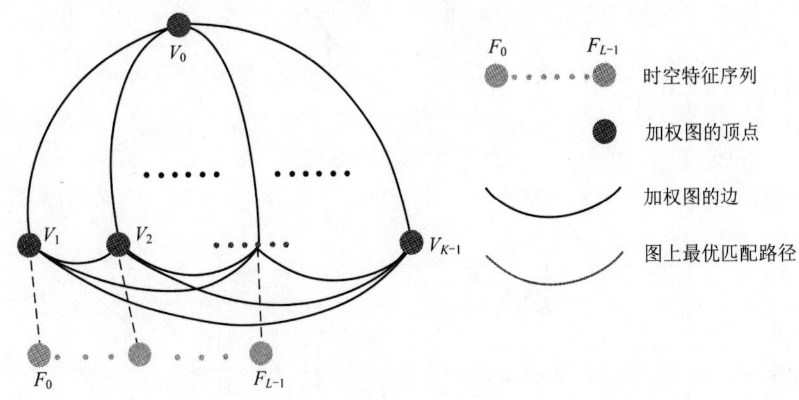

图 8-4 在加权图上使用序列匹配进行行为识别

根据算法 8-2，计算每一条测试子序列 S_m 和加权图的 G_i 之间的相似性 $D_{i,m}$。因此最终的识别结果为

$$\hat{i}=\arg\min_{i}\sum_{m=0}^{\dot{N}-1}D_{i,m},\quad i=0,\cdots,I-1 \tag{8-3}$$

其中，i 是行为的类别数；m 表示每条子序列。对于每一类行为，计算了所有子序列和这类行为的加权图之间的相似性的总和。选择最小相似性总和，根据对应加权图的类别，分配相应的标签给匹配序列。

8.5 实验结果

和第 7 章一样，依然选择微软的 MSRC-12 手势数据库[212]和 UCFKinect 行为数据库[21]来评估本章给出的算法。MSRC-12 手势数据库包含 594 个骨架序列，总时间为 6 小时 40 分钟，30 个人进行 12 个手势行为，总帧数为 719359 帧。MSRC-12 手势数据库的规模足够用于行为识别测试，如此多的数据对实时行为识别是一个挑战。对于 UCFKinect 行为数据库来说，总共有 16 个行为 1280 个行为采样。许多工作也是采用这两个数据库评估他们的算法。实验结果表明本章提出的算法比目前算法性能更好。

8.5.1 微软 MSRC-12 手势数据库

对于每一个序列，每个受试者会多次执行某一个手势行为。每一帧，使用 Kinect 姿态估计算法能够获取 20 个三维骨架点。图 8-5 给出了 12 个手势行为的单帧骨架图。

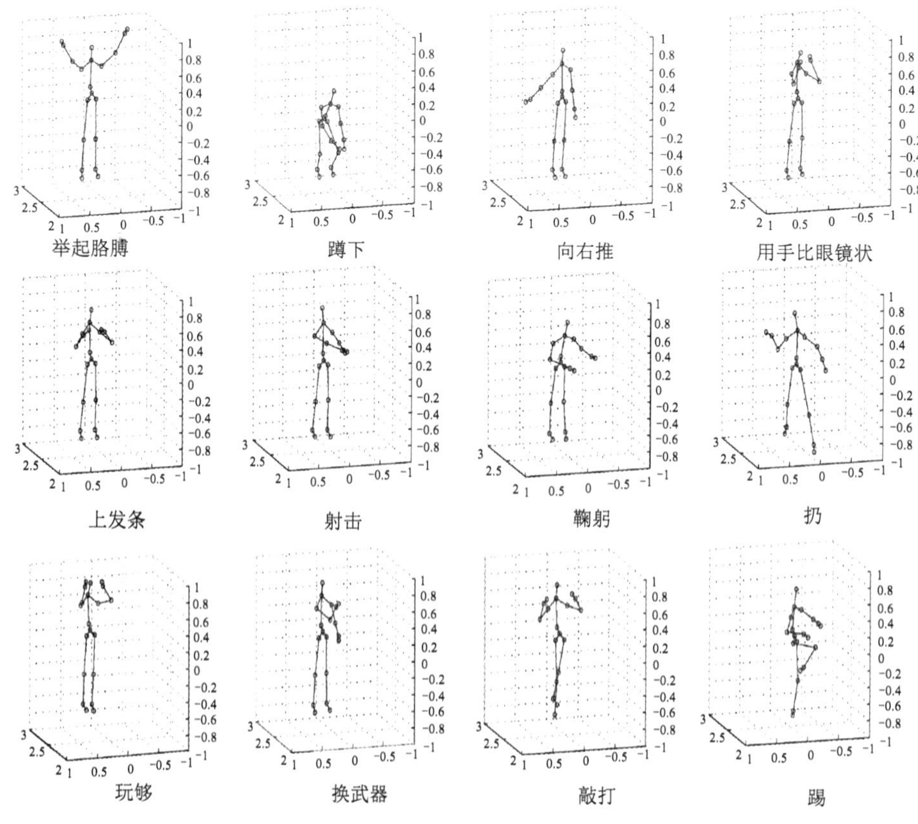

图 8-5 微软 MSRC-12 手势数据库

这一章中，依然忽略不同指令对行为的影响，结合所有的骨架序列用于行为识别。同时使用二折交叉验证法评估本章提出的算法。

图 8-6 给出了识别准确率的混淆矩阵。混淆矩阵是一个用于可视化算法性能的表格。

	举起胳膊	蹲下	向右推	用手比眼镜状	上发条	射击	鞠躬	扔	玩够	换武器	敲打	踢
举起胳膊	78.00			4.00		4.00			6.00		8.00	
蹲下		100.0										
向右推			100.0									
用手比眼镜状				100.0								
上发条				2.08	95.84						2.08	
射击						100.0						
鞠躬		2.00					98.00					
扔								98.00				2.00
玩够				8.00					92.00			
换武器			2.08	2.08						95.84		
敲打	2.04				2.04	2.04			4.08	4.08	85.72	
踢	2.00											98.00

图 8-6 MSRC-12 手势数据库识别率的混淆矩阵

矩阵的每一列表示被预测行为类别，而每一行表示实际的行为类别。从图中能够看出，大部分行为的识别率相当高，很多行为甚至达到100%的识别率，能够满足应用的需求。

对原始的三维骨架点添加高斯噪声，通过高斯噪声对识别率和识别速率的影响来评估算法对不稳定关节点的鲁棒性。通过调节高斯噪声的均值和方差两个参数，得到不同的识别结果来证实算法的鲁棒性。在实验中，把均值设为0，通过设定不同的标准差来获得不同的高斯噪声的分布。图8-7给出了基于不同的高斯噪声，算法的识别率和识别时间的变化情况。其中，左图横轴表示高斯噪声中不同的标准差值，而竖轴表示识别率；右图横轴也是表示高斯噪声中不同的标准差值，而竖轴表示每秒识别的帧数。其中 L 是匹配子序列的长度，定为50，K 是加权图顶点的个数，定为70。左图可以看出，算法的识别率高而且稳定，右图能够看出，识别的时间也能满足实时的要求。

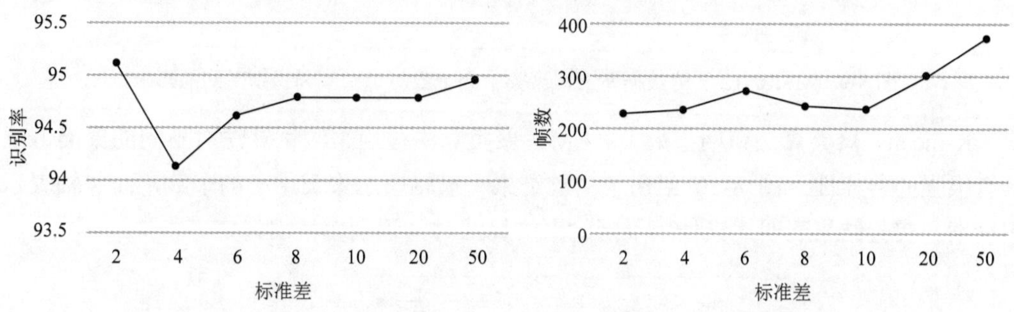

图8-7　MSRC-12手势数据库上，添加高斯噪声，证明算法的鲁棒性

改变 L 的长度，通过最终识别率和识别时间的变化情况，来评估算法在未做序列匹配和测试序列长度不定的情况下的鲁棒性，其中 K 值设为70。图8-8给出实验结果，其中左图横轴表示不同的子序列长度 L，竖轴表示不同的识别率；右图横轴也是表示不同的子序列长度 L，竖轴表示每秒识别的帧数。可以看出，基于不同的子序列长度，识别率依旧很高，而且识别的时间依然能够满足实时要求。当 L 小于50的时候，识别率相比较有所下降，这是因为 L 的长度过小的时候，加权图不能完全发挥作用。

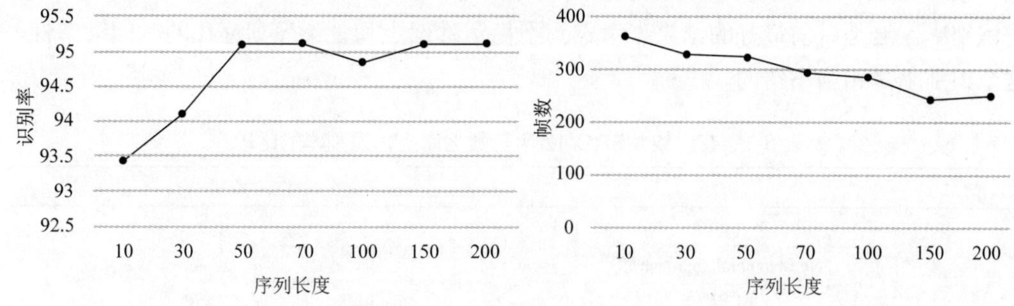

图8-8　MSRC-12手势数据库上，改变测试序列的长度，证明算法的鲁棒性

为了满足游戏娱乐的需求，实时的人体行为识别对于交互体验是非常重要的。用户

行为是否能够实时响应是一个成功的交互系统关键的因素。在本实验中，测试了不同数目的聚类中心对识别率和识别时间的影响，其中 L 值设为 50。图 8-9 展示了识别的准确率和识别时间的变化情况，图中左图和右图的横轴表示聚类中心的个数 K，而竖轴与之前的定义一样。实验结果表明，当 K 值被设为 70 到 200 的时候，识别率达到最高，并且识别时间能够满足实时要求。

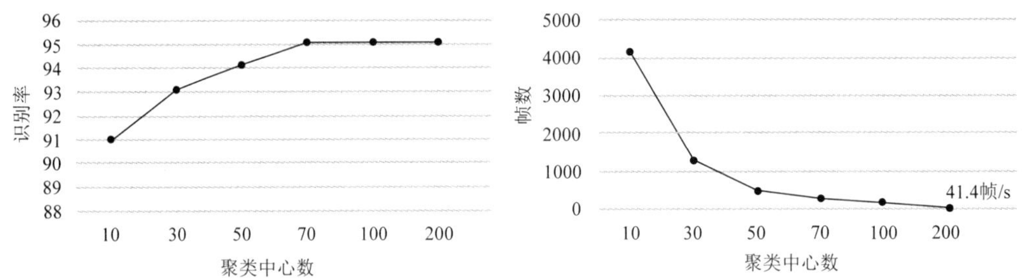

图 8-9 MSRC-12 手势数据库上，聚类中心个数对识别率和识别时间的影响

K-means 聚类算法和期望最大（EM）聚类算法被用来测试算法对不同的聚类方法具有很强的鲁棒性。图 8-10 给出了实验结果。横轴表示聚类中心的个数，而竖轴表示识别率。实验结果表明，当使用不同的聚类算法时，识别率依旧稳定。

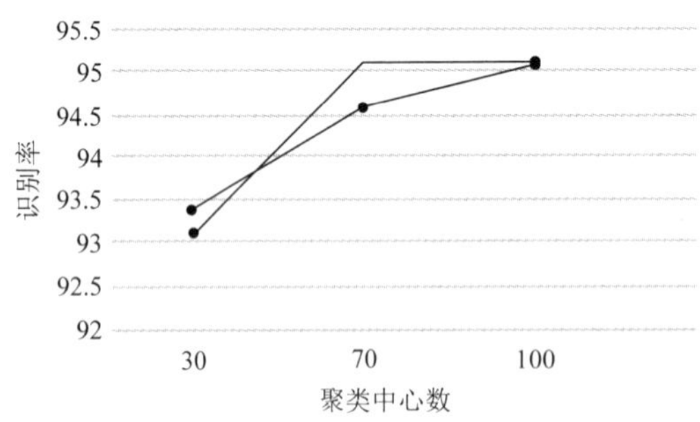

图 8-10 MSRC-12 手势数据库上，聚类算法对识别率的影响

最后，表 8-1 给出了不同算法的识别率比较。基于本章给出的算法，能够获得 95.12% 的识别率，这是目前最好的结果。考虑到不稳定骨架点和骨架序列存在的时间动态性，这个识别率是相当不错的。

表 8-1 在微软 MSRC-12 手势数据库上，识别率的比较

方法	准确率/%
LR[21]	88.70
Non-temporal approach[224]	91.82
T-CRF[217]	91.90
RDF[214]	93.00
Cov3DJ[216]	93.60
hierarchical model[225]	94.60
Our method	95.12

8.5.2 UCFKinect 行为数据库

图 8-11 给出 UCFKinect 行为数据库 16 个行为的单帧骨架图，第 7 章给出了 UCFKinect 行为数据库的具体描述，在这里不再重复。在本节实验中，依旧使用二折交叉验证法去评估此算法。

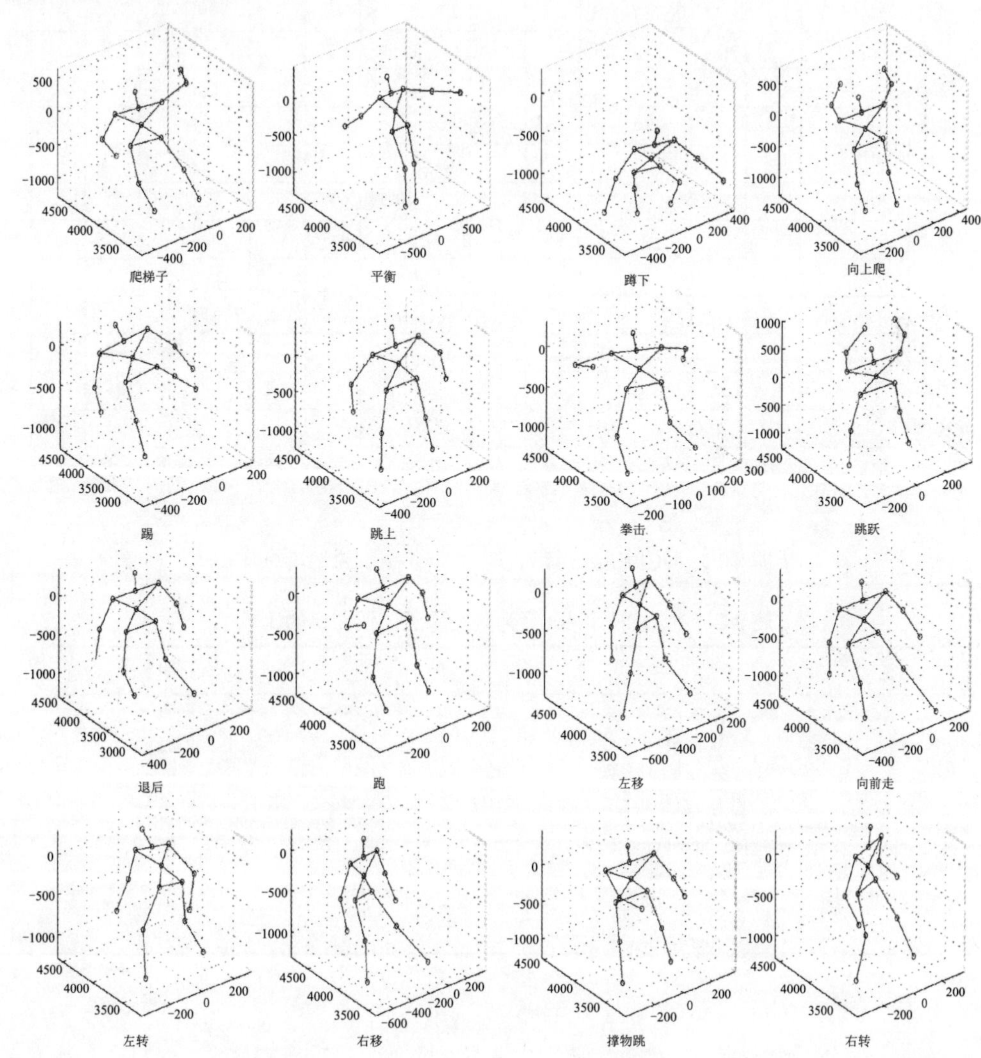

图 8-11 UCFKinect 行为数据库

图 8-12 给出了识别率的混淆矩阵。从图中可以看出，每个行为的识别率都超过了 96%，平均识别率为 99.30%，这是一个相当高的识别率。

表 8-2 中，比较了本章给出的算法和目前最好的算法。此算法的性能优于绝大部分方法，Zou 等[22]提出一个 MDS 方法，在这个数据库上识别结果比本章提出的算法稍好。他们的方法基于判定的序列块来识别行为，因此他们需要给定整个行为序列，这对在线

的行为识别是不适合的。而本章给出的算法能实时地处理任意长度的测试序列。

	平衡	爬梯子	向上爬	蹲下	跳上	踢	跳跃	拳击	跑	退后	向前走	左移	右移	左转	右转	撑物跳
平衡	100.0															
爬梯子		100.0														
向上爬			100.0													
蹲下				100.0												
跳上		1.25			96.25				2.50							
踢						98.75					1.25					
跳跃			1.25				98.75									
拳击								100.0								
跑									100.0							
退后										100.0						
向前走											98.75				1.25	
左移												98.75	1.25			
右移												1.25	98.75			
左转														98.75	1.25	
右转															100.0	
撑物跳																100.0

图 8-12 UCFKinect 行为数据库，识别率的混淆矩阵

表 8-2 在 UCFKinect 行为数据库上，识别率的比较

方法	准确率/%
BOW[21]	94.22
CFR[21]	94.29
LR[21]	95.94
JAS[218]	97.37
hierarchical model[225]	98.70
MvMF-HMM[226]	98.90
MDS[22]	99.69
Our method	99.30

8.6 本章小结

本章给出了一个最新的基于加权图和全局最优相似性匹配的人体行为识别算法。每一类行为使用一个加权图来表示，它能编码行为单元之间的时间相关性。识别行为序列通过序列和加权图匹配来完成的。这个行为表示方法和匹配算法能够削弱不稳定点和不均衡数据造成的负面影响，同时解决了序列匹配时存在的时间动态性问题。本章算法通过加入行为单元之间的时间关系，对第 7 章提出的基于向量空间行为识别方法进行改进，进一步提高了识别率。

参 考 文 献

[1] SZELISKI R. Computer vision: algorithms and applications[M]. New York: Springer, 2011.

[2] YILMAZ A, JAVED O, SHAH M. Object tracking: a survey. ACM comput surv[J]. ACM computing surveys, 2006, 38(4):1-46.

[3] PAN Z, LIU S, FU W. A review of visual moving target tracking[J]. Multimedia tools and applications, 2017, 76(16): 16989-17018.

[4] ROSS D A, LIM J, LIN R S, et al. Incremental learning for robust visual tracking[J]. International journal of computer vision, 2008, 77(1-3):125-141.

[5] BABENKO B, YANG M H, BELONGIE S. Visual tracking with online multiple instance learning[C]// IEEE Conference on Computer Vision and Pattern Recognition, 2009:983-990.

[6] REID D B. An algorithm for tracking multiple targets[J]. IEEE transaction on automatics control, 1979, 24(6):1202-1211.

[7] BARSHALOM. Tracking and data association[J]. Journal of the acoustical society of America, 1998, 87(2):918-919.

[8] GAVRILA D M. The visual analysis of human movement: A survey[J]. Computer vision and image understanding, 1999, 73(1):82-97.

[9] YAMATO J, OHYA J, ISHII K. Recognizing human action in time sequential images using hidden markov models[C]// IEEE Conference on Computer Vision and Pattern Recognition, 1992: 379-385.

[10] AKITA K. Image sequence analysis of real world human motion[C]// IEEE Conference on Computer Vision and Pattern Recognition, 1984, 17(1): 73-83.

[11] POLANA R, NELSON R. Low level recognition of human motion[C]// IEEE Workshop Non-rigid and Articulated Motion, 1994: 77-82.

[12] BOBICK A F, DAVIS J.W. The recognition of human movement using temporal templates[J]. IEEE transactions on pattern analysis and machine intelligence, 2001, 23: 257-267.

[13] LAPTEV I, LINDEBERG T. Space-time interest points[C]// IEEE International Conference on Computer Vision, 2003:432-439.

[14] GILBERT A, ILLINGWORTH J, BOWDEN R. Fast realistic multi-action recognition using mined dense spatio-temporal features[C]// IEEE International Conference on Computer Vision, 2009:925-931.

[15] BREGONZIO M, GONG S, XIANG T. 2009. Recognising action as clouds of space-time interest points[C]// IEEE Conference on Computer Vision and Pattern Recognition, 2009: 1948-1955.

[16] IKIZLER-CINBIS N, SCLAROFF S. Object, scene and actions: combining multiple features for human action recognition[C]// European Conference on Computer Vision, 2010: 494-507.

[17] HOLTE M B, MOESLUND T B, NIKOLAIDIS N, et al. 3D human action recognition for multi-view camera systems[C]// International Conference on 3D Imaging, Modeling, Processing and Transmission, 2011:342-349.

[18] OIKONOMOPOULOS A, PANTIC M, PATRAS I. Sparse b-spline polynomial descriptors for human activity recognition[J]. Image vision computing, 2009, 27(12):1814-1825.

[19] KIM W, LEE J, KIM M, et al. Human action recognition using ordinal measure of accumulated motion[J]. EURASIP journal on advances in signal processing, 2010, (1):1-12.

[20] SHOTTON J, FITZGIBBON A, COOK M, et al. Real-time human pose recognition in parts from single depth images[C]// IEEE Conference on Computer Vision and Pattern Recognition, 2011:1297-1304.

[21] ELLIS C, MASOOD S Z, TAPPEN M F, et al. Exploring the trade-off between accuracy and observational latency in action recognition[J]. International journal of computer vision, 2013, 101(3): 420-436.

[22] ZOU W, WANG B, ZHANG R. Human action recognition by mining discriminative segment with novel skeleton joint feature[C]// Pacific-rim Conference on Multimedia, 2013:517-527.

[23] AGGARWAL J, CAI Q. Human motion analysis: A review[J]. Computer vision and image understanding, 1999, 73(3):428-440.

[24] LAKANY H, HAYES G, HAZLEWOOD M, et al. Human walking: tracking and analysis [C]// IEEE Colloquium on Motion Analysis and Tracking, 1999: 511-514.

[25] 曹春梅, 季林红, 王子羲, 陈大融. 跳板跳水起跳动作时的人板协调关系[J]. 清华大学学报 (自然科学版), 2008, 48(2): 207-210.

[26] COLLINS R T, LIPTON A, KANADE T, et al. A system for video surveillance and monitoring[M]. Pittsburg: Carnegie Mellon University, 2000.

[27] Computed-aussisted prescreelling of video streams for unusual activities[OL]. http://homepages.inf.ed.ac.uk/rbf/BEHAVE.

[28] Integrated surveillance of crowded areas for public security[OL]. http://www.cvg.rdg.ac.uk/projects/iscaps/index.html.

[29] Robust methods for monitoring and understanding people in public spaces[OL]. http://www.cvg.rdg.ac.uk/projects/reason/index.html.

[30] BIRD N, ATEV S, CARAMELLI N, et al. Online detection of abandoned objects in public areas[C]// IEEE International Conference on Robotics and Automation, 2006: 3775-3780.

[31] Computer vision lab, university of central Forida[OL]. http://vision.eecs.ucf.edu/.

[32] IMAI A, SHIMADA N, SHIRAI Y. Imai A, Shimada N, Shirai Y. Hand Posture Estimation in Complex Backgrounds by Considering Mis-Match of Model[J]. Ieice transactions on information & systems, 2008, 91(3):596-607.

[33] DELA F, TORRE, CAMPOY J, et al. Temporal segmentation of facial behavior[C]// IEEE International Conference on Computer Vision, 2007:1-8.

[34] 田国会, 吉艳青, 李晓磊. 家庭智能空间下基于场景的人的行为理解[J]. 智能系统学报，2010, 5 (001): 57-62.

[35] 吴宝元, 余永, 许德章, 等. 可穿戴式下肢助力机器人运动学分析与仿真[J]. 机械科学与技术，2007, 26 (2): 235-240.

[36] ZHOU Q, YU S, WU X, et al. HMMs-based human action recognition for an intelligent household surveillance robot[C]// IEEE International Conference on Robotics and Biomimetics, 2009: 2295-2300.

[37] MEI X, LING H. Robust visual tracking using $l(1)$ minimization[C]// IEEE International Conference on Computer Vision, 2009:1436-1443.

[38] GRABNER H, BISCHOF H. On-line boosting and vision[C]// IEEE Computer Society Conference on Computer Vision and Pattern Recognition, 2006:260-267.

[39] ZHANG K, ZHANG L, YANG M H. Real-time compressive tracking[C]// European Conference on Computer Vision. Springer-Verlag, 2012:864-877.

[40] COMANICIU D, RAMESH V, MEER P. Real-time tracking of non-rigid objects using mean shift[C]// IEEE Conference on Computer Vision and Pattern Recognition, 2000:142-149.

[41] BAKER S, MATTHEWS I. Lucas-Kanade 20 years on: a unifying framework[J]. International journal of computer vision, 2004, 56(3):221-255.

[42] ISARD M, BLAKE A. Condensation—conditional density propagation for visual tracking[J]. International journal of computer vision, 1998, 29(1):5-28.

[43] BLACK M J, JEPSON A D. EigenTracking: Robust matching and tracking of articulated objects using a view-based representation[J]. International journal of computer vision, 1998, 26(1):63-84.

[44] LI X, HU W, ZHANG Z, et al. Robust visual tracking based on incremental tensor subspace learning[C]// IEEE International Conference on Computer Vision, 2007:1-8.

[45] WU Y, CHENG J, WANG J, et al. Real-time visual tracking via incremental covariance tensor learning[C]// IEEE Conference on Computer Vision and Pattern Recognition,2009,30(2):1-5.

[46] LI X, HU W, ZHANG Z, et al. Visual tracking via incremental log-euclidean riemannian subspace learning[C]// IEEE Conference on Computer Vision and Pattern Recognition, 2008:1-8.

[47] JI H. Real time robust L_1 tracker using accelerated proximal gradient approach[C]// IEEE Conference on Computer Vision and Pattern Recognition, 2012:1830-1837.

[48] YANG M H, LU H, ZHONG W. Robust object tracking via sparsity-based collaborative model[C]// IEEE Conference on Computer Vision and Pattern Recognition, 2012:1838-1845.

[49] LU H, JIA X, YANG M H. Visual tracking via adaptive structural local sparse appearance model[C]// IEEE Conference on Computer Vision and Pattern Recognition, 2012:1822-1829.

[50] ZHANG T, GHANEM B, LIU S, et al. Robust visual tracking via multi-task sparse learning[C]// IEEE Conference on Computer Vision and Pattern Recognition, 2012:2042-2049.

[51] AVIDAN S. Support vector tracking[C]// IEEE Conference on Computer Vision and Pattern Recognition, 2001, (1):I-184-I-191.

[52] COLLINS R T, LIU Y. On-line selection of discriminative tracking features[C]// IEEE International Conference on Computer Vision, 2003,(1):346-352.

[53] HARE S, SAFFARI A, TORR P H S. Struck: Structured output tracking with kernels[C]// International Conference on Computer Vision, 2011:263-270.

[54] KALAL Z, MIKOLAJCZYK K, MATAS J. Tracking learning detection[J]. IEEE Transactions on Pattern Analysis and Machine Intelligence, 2012, 34(7):1409-1422.

[55] LUCAS B D, KANADE T. An iterative image registration technique with an application to stereo vision[C]// International Joint Conference on Artificial Intelligence,1981:674-679.

[56] HAGER G D, BELHUMEUR P N. Efficient region tracking with parametric models of geometry and illumination[J]. IEEE transactions on pattern analysis and machine intelligence, 1998, 20(10):1025-1039.

[57] TURK M, PENTLAND A. Eigenfaces for recognition[J]. Journal of Cognitive Neuroscience, 1991, 3(1):71-86.

[58] FRIEDMAN H. Regularized discriminінant analysis[J]. Journal of the American statistical association, 1989,84:165-175.

[59] HE X, YAN S, HU Y, et al. Face recognition using laplacianfaces[C]// IEEE Transactions on Pattern Analysis and Machine Intelligence, 2005:328-340.

[60] YANG J, ZHANG D, FRANGI A F, et al. Two-dimensional PCA: A new approach to appearance based face representation and recognition[J].IEEE transactions on pattern analysis and machine intelligence, 2004, 26(1):131-137.

[61] LI M, YUAN B. 2D-LDA: A statistical linear discriminant analysis for image matrix[J]. Pattern recognition letters, 2005, 26(5):527-532.

[62] BADDELEY R. An efficient code in V1?[J]. Nature, 1996, 381(6583):560-561.

[63] CANDÈS E J. Compressive sampling[J]. Marta sanz solé, 2006, 17(2):1433-1452.

[64] DONOHO D L. Compressed sensing[J]. IEEE transactions on information theory, 2006, 52(4):1289-1306.

[65] WRIGHT J, GANESH A, ZHOU Z, et al. Demo: Robust face recognition via sparse representation[C]// IEEE International Conference on Automatic Face and Gesture Recognition, 2009:1-2.

[66] ELAD M, AHARON M. Image denoising via sparse and redundant representations over learned dictionaries[J]. IEEE transactions on image processing, 2006, 15(12):3736-3745.

[67] MAIRAL J, ELAD M, SAPIRO G. Sparse representation for color image restoration[C]// IEEE transactions on image processing, 2008, 17(1):53-69.

[68] YANG J, WRIGHT J, HUANG T, MA Y. Image super-resolution as sparse representation of raw image patches[C]// IEEE Conference on Computer Vision and Pattern Recognition, 2008:23-28.

[69] LIU B, YANG L, HUANG J, et al. Robust and fast collaborative tracking with two stage sparse optimization[C]// European Conference on Computer Vision. Springer-Verlag, 2010:624-637.

[70] LI H, SHEN C, SHI Q. Real-time visual tracking using compressive sensing[C]// IEEE Conference on Computer Vision and Pattern Recognition, 2011:1305-1312.

[71] MEI X, LING H, WU Y, BLASCH E P, LI B. Efficient minimum error bounded particle resampling L1 tracker with occlusion detection[J]. IEEE transactions on image processing, 2013, 22(7):2661-2675.

[72] GODEC M, ROTH P M, BISCHOF H. Hough-based tracking of non-rigid objects[C]// IEEE International Conference on Computer Vision, 2011:81-88.

[73] SAFFARI A, LEISTNER C, SANTNER J. On line random forests[C]//IEEE International Conference on Computer Vision Workshops, 2009:1393-1400.

[74] DALAL N, TRIGGS B. Histograms of oriented gradients for human detection[C]// IEEE Conference on Computer Vision and Pattern Recognition, 2005:886-893.

[75] LOWE D G. Distinctive image features from scale-invariant keypoints[J]. International journal of computer vision, 2004, 60(2):91-110.

[76] MARCELJA S. Mathematical description of the responses of simple cortical cells[J]. Journal of the optical society of America, 1980, 70(11):1297-1300.

[77] DAUGMAN J G. Uncertainty relation for resolution in space, spatial frequency, and orientation optimized by two-dimensional visual cortical filters[J]. Journal of the optical society of America, 1985, 2(7):1160-1169.

[78] FRIEDMAN J, HASTIE T, TIBSHIRANI R. Additive logistic regression: a statistical view of boosting[J]. Annals of statistics, 2000, 28(2):337-407.

[79] GRABNER H, LEISTNER C, BISCHOF H. Semi-supervised on-line boosting for robust tracking[C]// European Conference on Computer Vision, 2008: 234-247.

[80] TSOCHANTARIDIS I, JOACHIMS T, HOFMANN T, et al. Large margin methods for structured and interdependent output variables[J]. Journal of Machine Learning Research, 2006, 6(2):1453-1484.

[81] WU Y, LIM J, YANG M H. Online Object Tracking: A benchmark[C]// IEEE Conference on Computer Vision and Pattern Recognition, 2013:2411-2418.

[82] BOLME D S, BEVERIDGE J R, DRAPER B A, et al. Visual object tracking using adaptive correlation filters[C]// IEEE Conference on Computer Vision and Pattern Recognition, 2010, 119(5): 2544-2550.

[83] HENRIQUES J F, CASEIROR, MARTINS P, et al. High-speed tracking with kernelized correlation filters[J]. IEEE transactions on pattern analysis and machine intelligence, 2015, 37(3): 583-596.

[84] WANG N, YEUNG D. Learning a deep compact image representation for visual tracking[C]// International Conference on Neural Information Processing Systems, 2013:809-817.

[85] WANG L, OUYANG W, WANG X, et al. Visual tracking with fully convolutional networks[C]// IEEE Conference on Computer Vision and Pattern Recognition, 2015: 3119-3127.

[86] FUKUNAGA K, HOSTETLER L. The estimation of the gradient of a density function, with applications in pattern recognition[J]. IEEE transactions on information theory, 1975, 21(1):32-40.

[87] CHENG Y. Mean shift, mode seeking, and clustering[J]. IEEE transactions on pattern analysis and machine intelligence, 1995, 17(8):790-799.

[88] SHI J, TOMASI C. Good features to track[C]// IEEE Conference on Computer Vision and Pattern Recognition, 1994: 593-600.

[89] MATTHEWS I, ISHIKAWA T, BAKER S. The template update problem[J]. IEEE transactions on pattern analysis and machine intelligence, 2004, 26(6):810-815.

[90] ARULAMPALAM M S, MASKELL S, GORDON N, et al. A tutorial on particle filters for online nonlinear/non-gaussian Bayesian tracking[J]. IEEE transactions on signal processing, 2002, 50(2):174-188.

[91] LEPETIT V, FUA P. Monocular model-based 3d tracking of rigid objects: A survey[J]. Foundations and trends in computer graphics and vision, 2005, 1(1):1-89.

[92] MADSEN K, NIELSEN H B, TINGLEFF O. Methods for nonlinear least squares problems[C]// Society for Industrial & Applied Mathematics, 2004, (1):1409-1415.

[93] DRUMMOND T, CIPOLLA R. Real-time visual tracking of complex structures[J]. IEEE transactions on pattern analysis and machine intelligence, 2002, 24(7):932-946.

[94] KATO H, BILLINGHURST M. Marker tracking and HMD calibration for a video-based augmented reality conferencing system[C]// IEEE and ACM International Symposium on Mixed and Augmented Reality, 1999: 85-94.

[95] VACCHETTI L, LEPETIT V, FUA P. Stable real-time 3d tracking using online and offline information[J]. IEEE transactions on pattern analysis and machine intelligence, 2004, 26(10):1385-1391.

[96] HINTERSTOISSER S, BENHIMANE S, NAVAB N. N3m: Natural 3d markers for real-time object detection and pose estimation[C]// IEEE, International Conference on Computer Vision, 2007:1-7.

[97] KIM K, LEPETIT V, WOO W. Scalable real-time planar targets tracking for digilog books[J]. The visual computer, 2010, 26(6-8):1145-1154.

[98] HARRIS C, STENNETT C. Rapid: A video-rate object tracker[C]// Proceedings of British Machine Vision Conference, 1990:73-77.

[99] SEO B, PARK H, PARK J, HINTERSTOISSER S, LLIC S. Optimal local searching for fast and robust texture-less 3d object tracking in highly cluttered backgrounds[J]. IEEE transactions on visualization and computer graphics, 2014, 20(1):99-110.

[100] PRISACARIU V A, REID I D, Pwp3d: real-time segmentation and tracking of 3d objects[J]. International journal of computer vision, 2012, 98(3): 335-354.

[101] VINCENT T, LAGANIERE R. Detecting planar homographies in an image pair[C]// International Symposium on Image and Signal Processing and Analysis, 2001:182-187.

[102] SUTHERLAND I. Sketchpad: a man machine graphical communications system[C]//Spring Joint Computer Conference, 1963 :329.

[103] JURIE F, DHOME M. A simple and efficient template matching algorithm[C]// IEEE International Conference on Computer Vision, 2001(2):544-549.

[104] JURIE F AND DHOME M, Hyperplane approximation for template matching[J]. IEEE transactions on pattern analysis and machine intelligence, 2002, 24(7):996-1000.

[105] BAY H, ESS A, TUYTELAARS T, et al. Surf: speeded-up robust features[J]. Computer Vision and Image Understanding, 2008, 110(3):404-417.

[106] ROSTEN E, DRUMMOND T. Fusing points and lines for high performance tracking[C]// Tenth IEEE International Conference on Computer Vision. IEEE, 2005, (2):1508-1515.

[107] ROSTEN E, DRUMMOND T. Machine learning for high-speed corner detection[C]// European Conference on Computer Vision. Berlin: Springer, 2006:430-443.

[108] OZUYSAL M, CALONDER M, LEPETIT V, et al. Fast keypoint recognition using random ferns[J]. IEEE transactions on pattern analysis and machine intelligence, 2009, 32(3):448-461.

[109] IZADI S, KIM D, HILLIGES O, et al. Kinectfusion: Real-time 3d reconstruction and interaction using a moving depth camera[C]// ACM Symposium on User Interface Software and Technology, 2011:559-568.

[110] WUEST H, VIAL F, STRICKER D. Adaptive line tracking with multiple hypotheses for augmented reality[C]// IEEE and ACM International Symposium on Mixed and Augmented Reality, 2005:62-69.

[111] VACCHETTI L, LEPETIT V, FUA P. Combining edge and texture information for real-time accurate 3d camera tracking[C]// IEEE and ACM International Symposium on Mixed and Augmented Reality, 2004:48-56.

[112] KLEIN G, MURRAY D. Full-3d edge tracking with a particle filter[C]// Proceedings of British Machine Vision Conference, 2006:1119-1128.

[113] BROWN J, CAPSON D. A framework for 3d model based visual tracking using a gpu-accelerated particle filter[J]. IEEE transactions on visualization and computer graphics, 2012, 18(1):68-88.

[114] TANG A, OWEN C, BIOCCA F, et al. Comparative effectiveness of augmented reality in object assembly[C]// Conference on Human Factors in Computing Systems. Florida: DBLP, 2003:73-80.

[115] ANTIFAKOS S, MICHAHELLES F, SCHIELE B. Proactive instructions for furniture assembly[C]// International Conference on Ubiquitous Computing. Springer-Verlag, 2002:351-360.

[116] MOLINEROS J M. Computer vision and augmented reality for guiding assembly[M]. Pennsylvania: Pennsylvania State University, 2002.

[117] PONGNUMKUL S, DONTCHEVA M, LI W, et al. Pause-and-play: automatically linking screencast video tutorials with applications[C]// ACM Symposium on User Interface Software and Technology, 2011:135-144.

[118] JOTA R, BENKO H. Constructing virtual 3d models with physical building blocks[C]//ACM Conference on Human Factors in Computing Systems, 2011:2173-2178.

[119] MILLER A, WHITE B, CHARBONNEAU E, et al. Interactive 3d model acquisition and tracking of building block structures[J]. IEEE transactions on visualization and computer graphics, 2012, 18(4):651-659.

[120] GUPTA A, FOX D, CURLESS B, et al. Duplotrack: a real-time system for authoring and guiding duplo block assembly[C]// ACM Symposium on User Interface Software and Technology, 2012:389-402.

[121] ZHANG Z. Microsoft kinect sensor and its effect[J]. IEEE multimedia, 2012, 19(2):4-10.

[122] ARICI T. Introduction to PROGRAMMING with kinect: understanding hand / arm / head motion and spoken commands[C]//Signal Processing and Communications Applications Conference, 2012:1-10.

[123] HU Y, CAO L, LV F, et al. Action detection in complex scenes with spatial and temporal ambiguities[C]// IEEE International Conference on Computer Vision, 2009:128-135.

[124] QIAN H, MAO Y, XIANG W, et al. Recognition of human activities using SVM multi-class classifier[J]. Pattern recognition letters, 2010, 31(2):100-111.

[125] ROH M C, SHIN H K, LEE S W. View-independent human action recognition with volume motion template on single stereo camera[J]. Pattern recognition letters, 2010, 31(7): 639-647.

[126] MAN J, BHANU B. INDIVIDUAL. Recognition using gait energy image[J]. IEEE transactions on pattern analysis and machine intelligence, 2005, 28(2):316-322.

[127] IKIZLER N, DUYGULU P. Histogram of oriented rectangles: a new pose descriptor for human action recognition[J]. Image and vision computing, 2009, 27:1515-1526.

[128] FANG C H, CHEN J C, TSENG C C, et al. Human action recognition using spatio-temporal classification[C]// Asian Conference on Computer Vision. springer, 2009:98-109.

[129] ZIAEEFARD M, EBRAHIMNEZHAD H. Hierarchical human action recognition by normalized-polar histogram[C]// International Conference on Pattern Recognition, 2010:3720-3723.

[130] WANG Y, MOR G. Human action recognition by semilatent topic models[J]. IEEE transactions on pattern analysis and machine intelligence, 2009, 31(10):1762-1774.

[131] BLEI D, NG A Y, JORDAN. Latent Dirichlet allocation[J]. Journal of machine learning research, 2003, 3: 993-1022.

[132] GUO K, ISHWAR P, KONRAD J. Action Recognition in Video by Covariance Matching of Silhouette Tunnels[C]// IEEE Brazilian Symposium on Sibgrapi, 2010:299-306.

[133] KIM T K, CIPOLLA R. Canonical correlation analysis of video volume tensors for action categorization and detection[J]. IEEE transaction on pattern analysis and machine intelligence, 2009, 31:1415-1428.

[134] LIU C, YUEN P C. Human action recognition using boosted eigenactions[J]. Image and vision computing, 2010, 28(5):825-835.

[135] CAO L, LUO J, LIANG F, et al. Heterogeneous feature machines for visual recognition[C]// IEEE International Conference on Computer Vision, 2009:1095-1102.

[136] DOLLAR P, RABAUD V, COTTRELL G, et al. Behavior recognition via sparse spatio-temporal features[C]// IEEE International Workshop on Visual Surveillance and Performance Evaluation of Tracking and Surveillance, 2006:65-72.

[137] BREGONZIO M, GONG S, XIANG T. Recognizing action as clouds of space-time interest points[C]// IEEE conference on Computer vision and pattern recognition, 2009:1948-1955.

[138] JONES S, SHAO L, ZHANG J, et al. Relevance feedback for real-world human action retrieval[J]. Pattern recognition letters, 2012, 33:446-452.

[139] HARRIS C, STEPHENS M. A combined corner and edge detector[C]// Alvey Vision Conference, 1988:189-192.

[140] SADEK S, AL-HAMADI A, MICHAELIS B, et al. An action recognition scheme using fuzzy log-polar histogram and temporal self-similarity[J]. EURASIP journal of advanced signal processing, 2011, 2011(1):73-82.

[141] RAPANTZIKOS K, AVRITHIS Y, KOLLIAS S. Dense saliency-based spatiotemporal feature points for action recognition[C]// IEEE Conference on Computer Vision and Pattern Recognition, 2009:1454-1461.

[142] BARADARANI A, SEIFZADEH S, JONATHAN, et al. Human action recognition using extreme learning machine based on visual vocabularies[J]. Neurocomputing, 2010, 73(10):1906-1917.

[143] YU T H, KIM T K, CIPOLLA R. Real-time action recognition by spatiotemporal semantic and structural forest[C]// Proceedings of the british machine vision conference, 2010:1-12.

[144] ROSTEN E, DRUMMOND T. Machine learning for high-speed corner detection[C]// European Conference on Computer Vision, 2006, 3951:430-443.

[145] ZHU G, YANG M, YU K, et al. Detecting video events based on action recognition in complex scenes using spatio-temporal descriptor[C]// ACM International Conference on Multimedia, 2009, 26(3-4):165-174.

[146] LE Q V, ZOU W Y, YEUNG S Y, et al. Learning hierarchical invariant spatio-temporal features for action recognition with independent subspace analysis[C]// IEEE Conference on Computer Vision and Pattern Recognition, 2011: 3361-3368.

[147] JOHANSSON G. Visual motion perception [J]. Scientific american, 1975, 232(6):76-88.

[148] MESSING R, KAUTZ H. Activity recognition using the velocity histories of tracked keypoints[C]// IEEE International Conference on Computer Vision, 2010, 30(2):104-111.

[149] LUCAS B D, KANADE T. An iterative image registration technique with an application to stereo vision[C]// International Joint Conference on Artificial Intelligence, 1981, 2(3):674-679.

[150] WANG H, KLASER A, SCHMID C, et al. Action recognition by dense trajectories[C]// IEEE Conference on Computer Vision and Pattern Recognition, 2011,42(7):3169-3176.

[151] OREIFEJ O, LIU Z. Hon4d: Histogram of oriented 4d normals for activity recognition from depth sequences[C]// IEEE Conference on Computer Vision and Pattern Recognition, 2013, 9(4):716-723.

[152] ZHANG Z, LIU Z, LI W. Action recognition based on a bag of 3d points[C]// Workshop on Human Activity Understanding from 3D Data, 2010:9-14.

[153] NASCIMENTO E R, OLIVEIRA G L, CAMPOS M F M, et al. Brand: a robust appearance and depth descriptor for rgb-d images[J]. IEEE/RSJ International Conference on Intelligent Robots and Systems, 2012, 7198(6):1720-1726.

[154] CHOROWSKI J, WANG J, CHEN Z, et al. Robust 3d action recognition with random occupancy patterns[C]// European Conference on Computer Vision, 2012:872-885.

[155] ZHANG C, YANG X, TIAN Y. Recognizing actions using depth motion maps-based histograms of oriented gradients[C]// ACM International Conference on Multimedia, 2012:1057-1060.

[156] ZHANG H, PARKER L. 4-Dimensional local spatio-temporal features for human activity recognition[C]// International Conference on Intelligent Robots and Systems, 2011:2044-2049.

[157] GRIFFITHS T L, STEYVERS M. Finding scientific topics[C]// Proceedings of the National Academy of Sciences of the United States of America, 2004:5228-5235.

[158] LEI J, REN X, FOX D. Fine-grained kitchen activity recognition using rgb-d[C]// ACM Conference on Ubiquitous Computing, 2012:208-211.

[159] JALAL A, UDDIN M Z, KIM J T, et al. Recognition of human home activities via depth silhouettes and transformation for smart homes[J]. Indoor and built environment, 2011, 21(1): 184-190.

[160] WANG Y, HUANG K, TAN T. Human activity recognition based on r transform[C]// IEEE Conference on Computer Vision and Pattern Recognition, 2007: 1-8.

[161] JOHANSSON G. Visual motion perception[J]. Scientific American, 1975, 232(6):76-88.

[162] YE M, WANG X, YANG R, et al. Accurate 3d pose estimation from a single depth image[C]// IEEE International Conference on Computer Vision, 2011: 731-738.

[163] CRIMINISI A, SHOTTON J, ROBERTSON D, et al. Regression forests for efficient anatomy detection and localization in CT studies[C]// International Miccai Conference on Medical Computer Vision: Recognition Techniques and Applications in Medical Imaging, 2010, 33 (74) :106-117.

[164] CAMPBELL L, BOBICK A. Recognition of human body motion using phase space constraints[C]// IEEE International Conference on Computer Vision, 1995: 624-630.

[165] LV F, NEVATIA R. Recognition and segmentation of 3-d human action using hmm and multi-class adaboost[C]// European Conference on Computer Vision, 2006: 359-372.

[166] Xia L, Chen C C, Aggarwal J. View invariant human action recognition using histograms of 3D joints[C]// Workshop on Human Activity Understanding from 3D Data, 2012: 20-27.

[167] KOPPULA H S, GUPTA R, SAXENA A. Human activity learning using object affordances from RGB-D videos[J]. International journal of robotics research, 2012, 32(8):951-970.

[168] KOPPULA H S, GUPTA R, SAXENA A. Learning human activities and object affordances from RGB-D videos[M]. Sage Publications, 2013.

[169] SUNG J, PONCE C, SELMAN B, et al. Human activity detection from rgbd images[C]// AAAI Conference on Plan, 2011, 44 (8) :842-849.

[170] SUNG J, PONCE C, SELMAN B, et al. Unstructured human activity detection from RGB-D images[C]// IEEE International Conference on Robotics and Automation, 2012: 842-849.

[171] WANG J, YUAN J, LIU Z, et al. Mining actionlet ensemble for action recognition with depth cameras[C]// IEEE Conference on Computer Vision and Pattern Recognition, 2012, 36(5):1290-1297.

[172] YAO A, GALL J, GOOL L V. Coupled action recognition and pose estimation from multiple views[J]. International journal of computer vision, 2012, 100(1): 16-37.

[173] GALL J, YAO A, RAZAVI N, et al. Hough forests for object detection, tracking, and action recognition[J]. IEEE transactions on pattern analysis and machine intelligence, 2011 , 33 (11) :2188-202.

[174] YANG X, TIAN Y. Eigenjoints-based action recognition using naive-bayes-nearest-neighbor[C]// Workshop on Human Activity Understanding from 3D Data, 2012: 14-19.

[175] HALL B C, GROUPS L, ALGEBRAS L, et al. An elementary introduction[M]. New York: Springer, 2003.

[176] LEE J M. Introduction to smooth manifolds[M]. New York: Springer, 2002.

[177] MANN S, PICARD R W. Video orbits of the projective group: A simple approach to featureless estimation of parameters[J]. IEEE transactions on image processing, 1997, 6(9): 1281-1295.

[178] DRUMMOND T, CIPOLLA R. Application of lie algebras to visual servoing[J]. International journal of computer vision, 2000, 37(1): 21-41.

[179] PARK F C, BOBROW J E, PLOEN S. A lie group formulation of robot dynamics[J]. Sage Publications, 1995, 14(6): 609-618.

[180] LIN D. Learn visual flows: a lie algebraic[C]// IEEE Conference on Computer Vision and Pattern Recognition, 2009: 747-754.

[181] BAYRO-CORROCHANO E. Lie algebra approach for tracking and 3D motion estimation using monocular vision[J]. Image and vision computing, 2007, 25(6): 907-921.

[182] MIAO X, RAO R P. Learning the lie groups of visual invariance[J]. Neural computation, 2007, 19(10): 2665-2693.

[183] TUZEL O, PORIKLI F, MEER P. Learning on lie groups for invariant detection and tracking[C]// IEEE Conference on Computer Vision and Pattern Recognition, 2008:1-8.

[184] KWON J, LEE K M, PARK F C. Visual tracking via geometric particle filtering on the affine group with optimal importance functions[C]// IEEE Conference on Computer Vision and Pattern Recognition, 2009, 29(2-3): 991-998.

[185] SHOEMAKE K. Animating rotation with quaternion curves[J]. ACM siggraph computer graphics, 1985, 19(3):245-254.

[186] MAIRAL J, BACH F, PONCE J, et al. Discriminative learned dictionaries for local image analysis[C]// IEEE Conference on Computer Vision and Pattern Recognition, 2008:1-8.

[187] WANG D, LU H, YANG M H. Least soft-threshold squares tracking[C]// IEEE Conference on Computer Vision and Pattern Recognition, 2013:2371-2378.

[188] TIBSHIRANI R. Regression shrinkage and selection via the lasso: A retrospective[J]. Journal of the royal statistical society, 2011, 73(3):273-282.

[189] CHEN J, LI Q, PENG Q, et al. CSIFT based locality-constrained linear coding for image classification[J]. Pattern analysis and applications, 2013, 18(2):441-450.

[190] YU K, ZHANG T, GONG Y. Nonlinear learning using local coordinate coding[C]// International Conference on Neural Information Processing Systems, 2009:2223-2231.

[191] MAIRAL J, BACH F, PONCE J, et al. Online dictionary learning for sparse coding[C]// International Conference on Machine Learning, 2009:689-696.

[192] MAIRAL J, BACH F, PONCE J, SAPIRO G, ZISSERMAN A, Discriminative learned dictionaries for local image analysis[C]// IEEE Conference computer and pattern recognition, 2008:1-8.

[193] KWON J, LEE K M. Visual tracking decomposition[C]// IEEE Conference on Computer Vision and Pattern Recognition, 2010:1269-1276.

[194] SHI Q, ERIKSSON A, HENGEL A V D, et al. Is face recognition really a compressive sensing problem?[C]// IEEE Conference on Computer Vision and Pattern Recognition, 2011:553-560.

[195] ZHANG L, YANG M. Sparse representation or collaborative representation: Which helps face recognition?[C]// International Conference on Computer Vision, 2011:471-478.

[196] SHEN C. Non-sparse linear representations for visual tracking with online reservoir metric learning[C]// IEEE Conference on Computer Vision and Pattern Recognition, 2012:1760-1767.

[197] BRESENHAM J E, Algorithm for computer control of a digital plotter[J]. IBM systems journal, 1965, 4(1):25-30.

[198] HINTERSTOISSER S, CAGNIART C, ILIC S, et al. Gradient response maps for real-time detection of texture-less objects[J]. IEEE transactions on pattern analysis and machine intelligence, 2012, 34(5):876-888.

[199] AGRAWALA, PHAN D, HEISER J, et al. Designing effective step-by-step assembly instructions[C]// ACM transactions on graphics, 2003, 22(3):828-837.

[200] MITRA N J, YANG Y L, YAN D M, et al. Illustrating how mechanical assemblies work[J]. ACM transactions on graphics, 2010, 29(12): 1-58.

[201] SHAO T, LI W, ZHOU K, et al. Interpreting concept sketches[J]. ACM transactions on graphics, 2013, 32(10): 1-56.

[202] HINTON G E, SALAKHUTDINOV R R. Reducing the dimensionality of data with neural networks[J]. Science, 2006, 313(5786): 504-507.

[203] BLANK M, GORELICK L, SHECHTMAN E, et al. Actions as space-time shapes[C]// IEEE International conference on computer vision, 2005(2):1395-1402.

[204] GORELICK L, BLANK M, SHECHTMAN E, et al. Actions as space-time shapes[J]. IEEE Transactions on pattern analysis and machine intelligence, 2007, 29(12):2247-2253.

[205] LAPTEV I. On space-time interest points[J]. International journal of computer vision, 2005, 64(2-3):107-123.

[206] MATIKAINEN P, HEBERT M, SUKTHANKAR R. Trajectons: Action recognition through the motion analysis of tracked features[C]// IEEE International conference on computer vision workshops, 2009:514-521.

[207] KLASER A, MARSZALEK M, SCHMID C. A spatio-temporal descriptor based on 3d-gradients[C]// British Machine Vision Conference, 2008.

[208] WILLEMS G, TUYTELAARS T, GOOL L V. An efficient dense and scale-invariant spatio-temporal interest point detector[C]// European Conference on Computer Vision. springer-verlag, 2008:650-663.

[209] LAPTEV I, MARSZALEK M, SCHMID C, et al. Learning realistic human actions from movies[C]// CVPR, 2008.

[210] OPPENHEIM A V, SCHAFER R W, BUCK J R. Discrete-time signal processing[M]. 2nd ed. Prentice-Hall, Inc. 1999.

[211] PERONA P, MALIK J. Scale-space and edge detection using anisotropic diffusion[J]. IEEE Transactions on pattern analysis and machine intelligence, 2002, 12(7):629-639.

[212] MULLER M, RODER T. Motion templates for automatic classification and retrieval of motion capture data[C]// Symposium on Computer Animation, 2006:137-146.

[213] FOTHERGILL S, MENTIS H M, KOHLI P, et al. Instructing people for training gestural interactive systems[C]// ACM Conference on Human Factors in Computing Systems, 2012:1737-1746.

[214] NEGIN F, OZDEMIR F, AKGUL C B, et al. A decision forest based feature selection framework for action recognition from rgb-depth cameras[C] // Signal Processing and Communications Applications Conference, 2013 , 7950 :1-4

[215] CHATZIS S P, KOSMOPOULOS D I, DOLIOTIS P. A conditional random field-based model for joint sequence segmentation and classification[J]. Pattern recognition, 2013, 46(6): 1569-1578.

[216] HUSSEIN M E, TORKI M, GOWAYYED M A, et al. Human Action Recognition Using a Temporal Hierarchy of Covariance Descriptors on 3D Joint Locations [C]// International Joint Conference on Artificial Intelligence, 2013:639-44.

[217] CHUNG A H, YANG H D. Conditional random field-based gesture recognition with depth information[J]. Optical Engineering , 2013, 52 (1) :177-182.

[218] OHN-BAR E, TRIVEDI M M. Joint angles similarities and HOG2 for action recognition[C]// IEEE Conference on Computer Vision and Pattern Recognition Workshops, 2013:465-470.

[219] ZHAO X, LI X, PANG C, et al. Online human gesture recognition from motion data streams[C]// ACM International Conference on Multimedia, MM , 2013:23-32.

[220] DENG L, LEUNG H, GU N, et al. Automated recognition of sequential patterns in captured motion streams [C]// Web-Age Information Management. Springer Berlin Heidelberg, 2010:250-261.

[221] FENG Y, XIAO J, ZHUANG Y, et al. Exploiting temporal stability and low-rank structure for motion capture data refinement Information[J]. Information sciences , 2014 , 277 (2) :777-793.

[222] FENG Y, JI M, XIAO J, et al. Mining spatial temporal patterns and structural sparsity for human motion data denoising[J]. IEEE transactions on cybernetics, 2015, 45(12):2693.

[223] XIAO J, FENG Y, JI M, et al. Sparse motion bases selection for human motion denoising[J]. Signal processing, 2015,110:108-122.

[224] RAMŁREZ-CORONA M, OSORIO-RAMOS M, MORALES E F. A non-temporal approach for gesture recognition using microsoft kinect[C]// Iberoamerican Congress on Pattern Recognition, 2013:318-325.

[225] JIANG X, ZHONG F, PENG Q, et al. Robust action recognition based on a hierarchical model[C]// IEEE International Conference on Cyberworlds, 2013:191-198.

[226] BEH J, HAN D K, DURASIWAMI R, et al. Hidden markov model on a unit hypersphere space for gesture trajectory recognition[J]. Pattern recognition letters, 2014, 36:144-153.